国家骨干高职院校
省级示范性高职院校 **建设项目成果**

Yingyong Dianzi Jishu Zhuanye Jiaoxue Biaozhun yu Kecheng Biaozhun

应用电子技术专业
教学标准与课程标准

广东交通职业技术学院 **组织编写**

王贵恩 许焕明 主 编

孙永林 主 审

人民交通出版社

内 容 提 要

本书由广东交通职业技术学院组织编写。全书共包括两部分,分别为:应用电子技术专业教学标准和应用电子技术专业课程标准。

本书可用于指导应用电子技术专业人才培养方案的设计与课程开发,还可作为该专业教材编写的参考资料。

图书在版编目(CIP)数据

应用电子技术专业教学标准与课程标准 / 王贵恩,许焕明主编. —北京 : 人民交通出版社, 2011.6

ISBN 978-7-114-09153-7

Ⅰ.①应… Ⅱ.①王… ②许… Ⅲ.①电子技术-课程标准-高等职业教育-教学参考资料 Ⅳ.①TN-41

中国版本图书馆 CIP 数据核字(2011)第 096153 号

书　　名: 应用电子技术专业教学标准与课程标准
著 作 者: 王贵恩　许焕明
责任编辑: 黎小东
出版发行: 人民交通出版社
地　　址: (100011) 北京市朝阳区安定门外外馆斜街 3 号
网　　址: http://www.ccpress.com.cn
销售电话: (010) 59757969, 59757973
总 经 销: 人民交通出版社发行部
经　　销: 各地新华书店
印　　刷: 北京鑫正大印刷有限公司
开　　本: 787 × 1092　1/16
印　　张: 5
字　　数: 115 千
版　　次: 2011 年 6 月　第 1 版
印　　次: 2011 年 6 月　第 1 次印刷
书　　号: ISBN 978-7-114-09153-7
定　　价: 15.00 元

序

广东交通职业技术学院是广东省电子行业协会会员单位，其应用电子技术专业自 2009 年开展省级示范性专业建设以来，与省电子行业协会保持着密切联系，并共同制定了应用电子技术专业教学标准和课程标准，为社会培养了一大批高技能专业人才。

广东交通职业技术学院应用电子技术专业以科学发展观为指导，与广东省电子行业和企业密切合作，推行与企业融合的办学模式，在工学结合人才培养改革中，积极调动一切积极因素，充分发挥行业协会、企业、教职员工和学生等在校企合作方面的作用，多角度、多形式接触企业，不拘一格寻找校企合作伙伴，取得了企业的支持，建立了良好的合作运行机制。

专业教学标准以职业能力培养为核心，在课程体系中分为专业基础课程、职业能力课程和能力拓展课程三个层次。它融汇了各种教学资源，注重提升内涵，形成了密切联系珠三角电子信息类企业需求的工学结合人才培养课程体系。

应用电子技术专业教学标准和课程标准的编辑出版，是省级示范性专业建设的一个重要成果，它体现了高职教育示范性专业建设的创新与实践。希望本书出版后能在课程体系建设、促进教学思维快速转型以及教学内容创新上发挥积极的推动作用。

广东省电子行业协会副秘书长、高级工程师 梁鸿飞

2011 年 4 月

序

前　言

广东交通职业技术学院应用电子技术专业的前身为电讯专业，创办于1960年，1999年学院升级为高职院校后，开始招收高职学生。2007年，成为广东省高职示范院校重点建设专业；2010年，经广东省教育厅专家评审，确定为广东省高职示范院校重点专业。

应用电子技术专业培养从事电子应用领域的软、硬件产品设计、生产及维护等工作的高技能人才。本专业通过十几年的发展，依托广东省电子协会和校外实习基地，建立起了具有高职教育特色的教学团队和贴近生产一线的校内外实习实训基地。利用与"京信通信系统（中国）有限公司"签订的"订单式"的"京信通信班"以及"东莞阳华实训基地"等，为企业培养了一批高质量的生产一线技术人才。在校内，建立了"电子生产线车间"和"创新实验室"，起到了"教学工厂"的作用，培养了一批具有企业文化、生产技能和创新能力的优秀人才，并在省、国家级的电子信息技能竞赛中，荣获了20多项大奖。

据统计，2009年广东省电子行业工业总产值超过2万亿元，约占全国总量的1/3，连续15年产值位居全国第一。广东电子制造业对技能型人才的需求量成倍增长，全年需求达56.5万人，而具备技术等级的求职者为50.9万人，缺口达数万人，技师和高级技师缺口也达上万人。尤其珠江三角洲地区对高技能人才的需求更为迫切。

广东交通职业技术学院针对广东地区的电子信息技术性人才的需求，并通过对电子信息行业的各类企业以及工作性质的调研，确定了基于生产组装、产品设计、技术服务、检测调试以及质检工艺类岗位的培养方向，并针对电子信息行业专业人才的职业能力要求和高职教育特点，对专业人才培养目标、人才培养规格、培养方案、课程体系、课程标准、教学安排及教学条件等高职教育人才培养模式的重要因素进行优化改革，准确定位专业教学标准，制定专业课程标准。为此，成立了有企业技术人员参与的专业教学指导委员会，根据社会及行业对人才的需求，专业指导委员会通过充分研究讨论，确定本专业的知识、能力、素质结构。这不仅对制订专业教学标准、确定教学重点，提供了明确的方向，而且对实现专业的就业岗位需要与学校培养工作的接口提供了明确的可靠的依据。通过专业教学指导委员会、校企合作、专业调研、本专业毕业生跟踪调查等方式，确定了建设"五位一体"的实践教学平台；实施适合电子信息高技能人才培养的"教、学、做"一体化的教学模式；构建项目导向的课程体系。

根据广东电子行业人才的需求，结合高职教育的特点，构建以《PLC控制器》、《模拟电子技术与实践》、《数字电子技术与实践》、《电子产品工艺与管理》、《单片机应用》等为专业核心课程的课程体系，形成应用电子技术专业的教学标准和22门课程标准。经过近几年的实施和调整，在教学质量、学生满意度、就业质量以及社会认可度等方面取得了显著成效，主要体现如下：

1.通过校外实习基地和校内"电子生产线车间"，应用电子技术专业的学生100%能直接参加真实的电路板生产；以"创新实验室"为基地，大部分应用电子技术专业的学生都直接设计和制作出了电子产品。

2.通过学生的"电子技术研究协会"平台，组织学生参加省、国家级的电子信息技能竞赛。到目前为止，荣获：①国家级银奖5项、铜奖6项、优秀奖1项；②省级一等3项、二等奖4项、三等奖 4 项;③优秀组织奖 2 次。

3. 在校学生对教学满意度高,满意和基本满意达到 97%;毕业生就业质量高,近三年就业率均保持在 100%。

本书由广东交通职业技术学院组织编写,王贵恩和许焕明担任主编。具体编写分工情况如下:应用电子技术专业教学标准、《数据库应用技术》、《单片机应用》和《PLC 控制器》课程标准由王贵恩编写;《电路分析与安全用电》、《模拟电子技术与实践》、《数字电子技术与实践》、《电子测量仪器与产品检验》和《Auto CAD》课程标准由许焕明编写;《电子 CAD 与仿真》和《通信电子线路》课程标准由康实编写;《C 语言程序设计》课程标准由赵薇编写;《电子产品工艺与管理》和《Pro/E 电子产品设计》课程标准由丘社权编写;《电子设计初级工程师考证》、《FPGA 原理及应用》、《单片机 C 语言》和《嵌入式系统的实践》课程标准由邬志锋编写;《RFID 技术》、《现代音像设备与工程》、《现代通信技术》和《计算机网络》课程标准由崔春雷编写;《现代传感技术》课程标准由齐攀编写。全书由广东交通职业技术学院孙永林主审。

感谢广东省教育厅、京信通信系统(中国)有限公司、海格通信产业集团以及东莞联洲电子科技有限公司等企业技术人员;感谢广东交通职业技术学院各级领导给予的大力支持和鼓励。

最后特别感谢广东省电子协会副秘书长梁鸿飞在百忙之中为本书作序。

由于初次编写专业教学标准和课程标准,本书难免有不妥之处,敬请读者批评指正。

编　者

2011 年 4 月

目　　录

应用电子技术专业教学标准

【专业名称】

应用电子技术

【教育类型与学历层次】

教育类型:高等职业教育

学历层次:大专

【入学要求条件】

高中毕业或同等学力者

【学制】

三年

【培养目标】

本专业培养具有良好的思想品质、勤奋敬业、有责任意识和创新意识,掌握电子产品装配工艺、PCB 板设计与制作技能,能应用单片机设计与制作简单测控产品,具有电子产品的生产、管理、测试、维护、技术服务能力,并具备较强的创新能力和可持续发展能力的高素质技能型人才。

毕业生要热爱社会主义祖国,拥护党的基本路线,懂得马克思列宁主义、毛泽东思想和邓小评理论的基本原理,具有爱国主义、集体主义、社会主义思想和良好的思想品德;在具有必备的基础理论知识和专门知识的基础上,重点掌握从事通信、电子信息工程领域实际工作的基本能力和基本技能;具备较快适应生产、建设、管理、服务第一线需要的实际工作能力;具有创业精神、良好的职业道德和健全的体魄。

毕业生应具备相当于大专的文化水平,掌握本专业高技能应用型专门人才必需的基础知识、基本理论、专业知识和专业技能,实行毕业生获取毕业证书和相关职业资格证书的"双证"制度。

【职业面向及职业能力要求】

1.职业面向

主要就业单位:电子产品生产企业、通信设备生产企业、电子产品销售公司、道路交通工程公司、电视机生产企业、冰箱空调洗衣机生产企业、音响生产厂、VCD 和 DVD 生产厂、家电经营维修服务公司、影音工程安装公司等。

主要就业部门:电子产品设计部、产品质检部、产品销售部、电子技术部等。

可从事的工作岗位:电子产品质量检验与认证、电子产品的设计与制作、家用电子产品的应用与开发、生产技术管理、单片机应用及系统开发、电子产品的营销及技术支持等。

序号	核心工作岗位及相关工作岗位	岗 位 描 述	职业能力要求与素质
1	电子产品设计（核心岗位）	应具备的能力有：计算机操作能力；电子电路的设计、分析、调试能力；微控制器/FPGA 应用能力；嵌入式系统分析应用能力；EDA 软件工具的应用能力	1. 计算机应用基础与信息处理、电路分析、模拟电子技术、数字电子技术、电子产品的设计与制作 2. 自动检测与传感技术、单片机、C 语言、嵌入式系统实践、AutoCAD、电子 CAD 与仿真
2	电子产品检验（核心岗位）	熟悉电子元器件特性和电子测量仪器的使用，具备调试、检验、筛选电子产品的能力	模拟电子技术、数字电子技术、电子测量仪器与产品检验、电子线路设计自动化、单片机、C 语言、电子 CAD 与仿真
3	电子产品维修（相关岗位）	具有维修电子产品的能力	电路分析、模拟电子技术、数字电子技术、电子产品的设计与制作、电子测量仪器与产品检验、自动检测与传感技术、电子 CAD 与仿真
4	生产工艺管理（相关岗位）	熟悉 IQC 和 QA 管理，具备电子产品生产一线的工艺实施和技术管理的能力	1. 计算机应用基础与信息处理、模拟电子技术、电子产品的设计与制作、电子测量仪器与产品检验 2. 自动检测与传感技术、电子线路设计自动化
5	生产一线操作（相关岗位）	电子设备的生产、使用、安装、调试及维修能力	模拟电子技术、数字电子技术、电子产品的设计与制作、电子测量仪器与产品检验、电子 CAD 与仿真
6	营销、售后服务（相关岗位）	电子元器件、电子产品的营销及售后服务能力	计算机应用基础与信息处理、电路分析、数字电子技术、电子测量仪器与产品检验、单片机、C 语言、电子 CAD 与仿真
7	智能仪器、仪表及音像设备产品生产、营销、工程施工、调试（相关岗位）	智能仪器、仪表及音像设备、系统的设计、安装、施工、调试、维护的能力	电路分析、模拟电子技术、电子测量仪器与产品检验、自动检测与传感技术、电子线路设计

2. 能力结构总体要求

专 业 能 力	社 会 能 力	方 法
1. 具有较强的通信及电子专业英语资料的阅读能力 2. 具有一定的计算机操作应用的能力，并获得全国计算机等级考试一级以上证书 3. 具有电工技术一般应用的能力 4. 具有较强的电子技术应用能力和电子线路的 CAD 分析设计能力 5. 具有一定的单片机硬件及软件开发能力 6. 具有音视频产品电路分析和检测维修的能力 7. 具有电脑软硬件安装维护的一般能力 8. 具有现代通信产品的电路分析和维修的能力	1. 树立正确的世界观、人生观、价值观，热爱祖国，为人民服务的思想品质 2. 具有遵纪守法、诚实守信、良好的职业道德品质 3. 具有较好的人际交流、沟通能力，善于学习，勇于钻研 4. 具有良好的身体素质，积极乐观的生活态度，良好的团队合作精神和客户服务能力	1. 确定工作计划的能力 2. 解决实际问题的能力 3. 独立学习新技术的能力 4. 评估总结工作结果的能力

3. 资格证书

序号	职业资格证书名称	颁 证 机 构	等　级
1	电子设计初级工程师	中国电子学会	初级
2	家用电子产品维修工	广东省人力资源与社会保障厅	中级
3	计算机辅助设计绘图员(电子)	广东省人力资源与社会保障厅	中级、高级
4	电工中级技能证书	广东省人力资源与社会保障厅	中级
5	校企合作企业岗位水平资格证	校企合作企业	中级、高级

【典型工作任务及工作过程】

序号	典型工作任务	工 作 过 程
1	电子产品设计	1. 接受部门工作任务,了解同类产品的功能及用户需求 2. 功能设计 3. 硬件设计与评估 4. 软件设计与总体调试 5. 功能实验、性能实验、安全规范与电磁兼容实验 6. 改进与完善
2	PCB 设计	1. 建立原理图器件库 2. 原理图绘制 3. PCB 封装制作 4. 网络表生成 5. PCB 参数设置 6. 手动布局与自动布局 7. 手动布线与自动布线 8. 设计检查
3	电子产品检测	1. 接受部门工作任务,了解测试需求 2. 制定测试计划 3. 设计测试用例 4. 对负责测试的产品进行系统、全面的测试 5. 记录测试中出现的问题,并分析原因 6. 撰写跟踪分析报告,为产品是否可以发布提供依据,使测试中发现的问题及时合理解决 7. 对用户反映的产品相关问题进行验证,并协助技术支持工程师给予用户合理的答复或提供解决方案
4	电子产品的生产管理	1. 编制生产作业计划 2. 材料采购计划 3. 生产作业组织 4. 生产线平衡控制 5. 作业人员调配 6. 生产统计与分析
5	电路故障诊断与检修	1. 根据故障现象判定故障范围、分析故障产生原因 2. 进行电路参数测试 3. 分析数据找到故障点 4. 排除故障

续上表

序号	典型工作任务	工 作 过 程
6	质量管理	1. 接受部门工作任务 2. 了解生产流程 3. 制定质量规范、测试规范,记录生产进程 4. 对生产记录进行统计分析,找出造成不合格因素 5. 制定预防措施,持续改进,提高生产效率和质量 6. 抽取样品进行质量检测 7. 撰写质量检测报告
7	电子产品装配	1. 元器件的识别、检验 2. 电路板手工装配 3. 电路板手工焊接 4. 电路调试,电路板部件修理

【培养方案框架体系】

1. 体系架构与课程方案

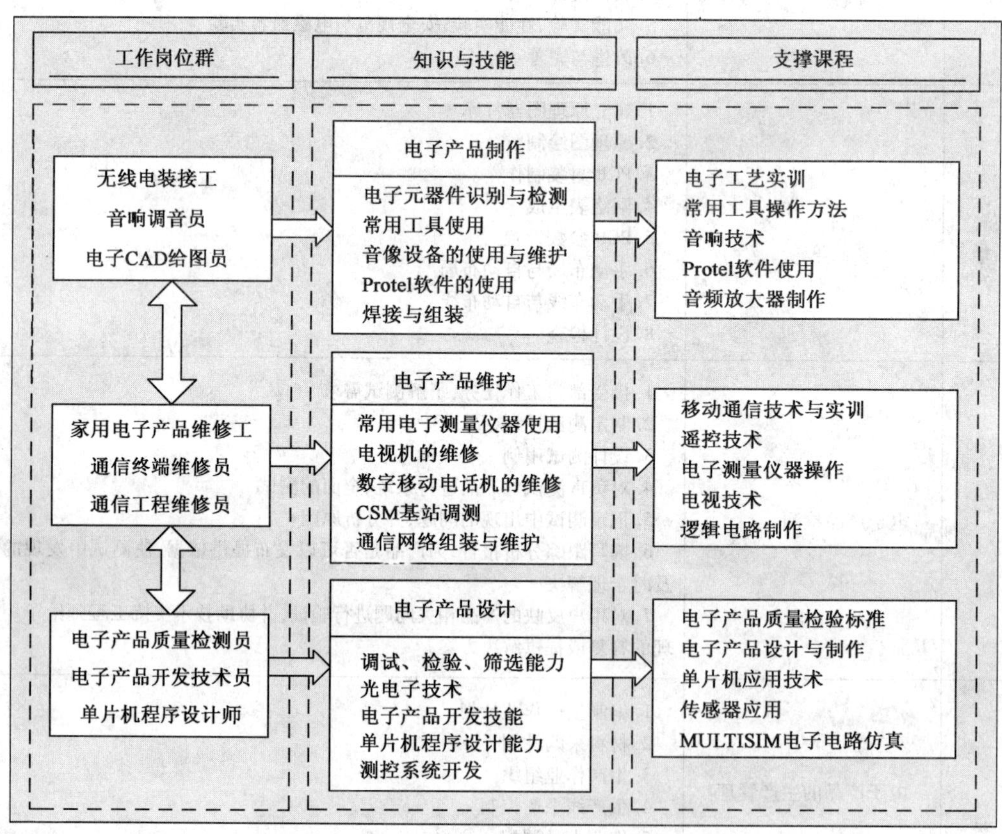

序号	分类	课 程 名 称	学时	参 考 学 时					
				第1学期	第2学期	第3学期	第4学期	第5学期	第6学期
1		计算机应用基础	90	6					
2		电路分析与安全用电	60	4					

续上表

序号	分类	课程名称	学时	参考学时					
				第1学期	第2学期	第3学期	第4学期	第5学期	第6学期
3	职业能力学习领域课程	电子产品工艺与管理	60	4					
4		模拟电子技术与实践	56		4				
5		数字逻辑电路与实践	56		4				
6		通信电子线路	56			4			
7		电子产品的设计与制作	56				4		
8		电子 CAD 与仿真	56			4			
9		电子测量仪器与产品检验	60				4		
10		RFID 技术	42			3			
11		现代通信技术	56			4			
12		现代音像设备与工程	60				4		
13		单片机应用	60				4		
14		现代传感技术	56			4			
		专业综合实训	112						
		顶岗实习	390						
15	能力拓展课程	Auto CAD	28		2				
16		C 语言程序设计	56		4				
17		计算机网络	56			4			
18		Pro/E 电子产品设计	56			4			
19		嵌入式系统实践	60				4		
20		PLC 控制器	60				4		
学时合计			1 634						

2. 实训方案

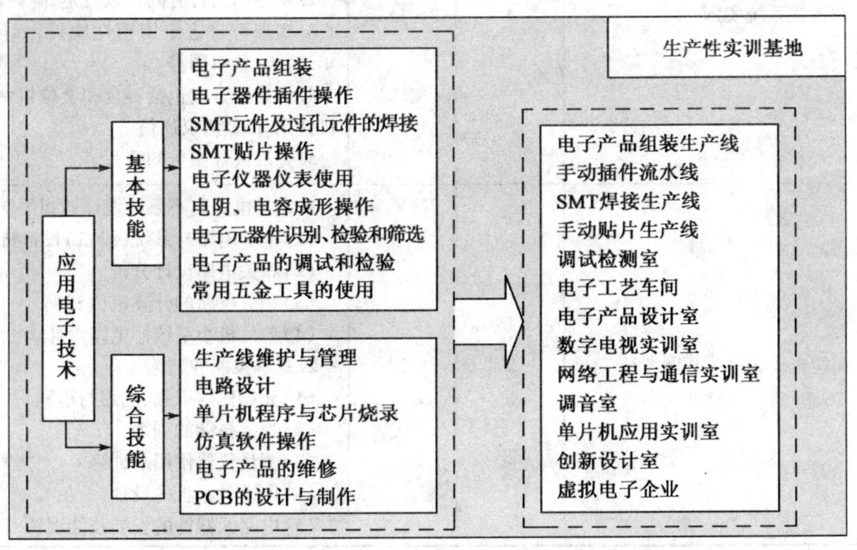

序号	实训项目	学期	周数	主要内容
1	电子工艺实习	2	2	通过实训使学生掌握电子线路的设计、印刷电路板的绘制和制作方法,电路焊接的基本操作技能
2	计算机辅助设计绘图员(电子)考证	2	1	针对计算机辅助设计绘图员(电子)三级考试大纲,对学生进行上机实训
3	传感器应用实训	3	1	完成一个传感器、单片机应用系统的设计,主要工作如下: 1. 对生活环境实地调研,确定一种电子显示日历、时钟、定时器,具有温度及干湿度显示 2. 为便于观看,采用高亮度发光二极管显示字符 3. 为稳定工作,时钟(日历)应有掉电继续工作功能 4. 完成设计报告的撰写等
4	RFID 实训	4	1	RFID 系统的编码、RFID 系统的载波产生、RFID 系统的信号调制、RFID 系统的 RF 信号功率放大、RFID 系统的末级输出调制载波信号、RFID 系统的解调—FSK 模式、RFID 系统的解调—ASK 模式
5	单片机系统设计实训	4	1	针对单片机设计师考试大纲,对学生进行模拟考试实训。单片机硬件系统的搭建、编写调试单片机应用程序、单片机程序的烧录
6	单片机 C 语言实训	4	1	针对单片机的工作原理,完成 C 语言程序设计,实现: 1. 基于 LED 屏的 C 语言程序设计 2. 基于 DS1302 的日历时钟设计
7	嵌入式系统实训	4	1	完成一个嵌入式系统的设计,主要实现以下功能: 1. 以 DS1302\AT24C32 为基础制作一个发出声光的懒人闹钟 2. 闹钟的闹铃时间可以设定,闹铃声音可以设定 3. 实现可自定定周期性闹铃,如隔周、隔天、每年、每天、单双周等 4. 设定的方式包括键盘和上位机两种方式,上位机使用 SLIP 协议通信 5. 完成设计报告的撰写等
8	初级电子设计工程师考证	5	2	1. 电子电路与小系统设计的相关知识与理论 (1)电子电路与系统(设备)设计流程与规范 (2)相关电路设计分析 (3)相关电路的计算机仿真 (4)单片机小系统的电路设计 2. 基本技能的训练 (1)元器件的识别、选用与检测 (2)焊接技能的训练 (3)测量仪器使用的训练 (4)印刷电路板的设计 (5)电路元器件的安装技能训练

续上表

序号	实 训 项 目	学期	周数	主 要 内 容
8	初级电子设计工程师考证	5	2	3. 数据采集、显示系统的设计与制作 (1)稳压电源的设计、制作与调试 (2)传感器的应用与实践 (3)信号调理电路的设计、制作与调试 (4)A/D 转换电路的设计、制作与调试 (5)单片机应用电路的设计与制作(选作) (6)键盘电路的设计、制作与调试 (7)显示电路的设计、制作与调试 (8) 数据采集、显示系统的调试(选作) 4. 光机电一体化小系统的设计与制作 5. 设计论文的写作与答辩

【学习领域主要课程基本要求】

<table>
<tr><td>学习领域课程</td><td colspan="3">计算机应用基础</td></tr>
<tr><td>学期</td><td>1</td><td>参考学时</td><td>90</td></tr>
<tr><td colspan="4">学习目标:
1. 掌握常用办公软件的高级应用
2. 掌握高级语言程序设计方法
3. 掌握程序调试的技巧
4. 具备用高级程序设计语言解决实际问题的能力
5. 掌握采用高级语言进行项目开发的步骤
6. 能够应用 Visual Basic 语言开发信息管理系统
7. 具备自主学习其他高级语言的能力</td></tr>
<tr><td colspan="4">学习内容:
1. Word 公文处理、Excel 数据处理与分析
2. 使用 PowerPoint 制作演示文档,利用 Internet 进行信息搜索、邮件收发
3. 面向对象、可视化编程的基本方式,事件驱动机制的基本特性和应用方法
4. 利用 Visual Basic 语言创建多窗体应用程序
5. Visual Basic 语言的数据类型,变量和常量的概念,运算符、内部函数、API 的概念及使用
6. 程序设计的三种基本结构
7. 自定义过程,函数的创建和调用
8. 菜单的建立,对话框和工具栏的使用
9. 利用 FSO 对象模型进行文件操作
10. 使用 ADO 数据控件访问和操作数据库
11. 使用 ADO 对象模型编程</td></tr>
</table>

<table>
<tr><td>学习领域课程</td><td colspan="3">电路分析与安全用电</td></tr>
<tr><td>学期</td><td>1</td><td>参考学时</td><td>60</td></tr>
<tr><td colspan="4">学习目标:
通过本课程的学习,掌握电工技术和电子技术方面的基本理论、基本知识和基本技能,培养创新意识和工程意识,提高学生的实际开发、应用能力及综合运用所学知识的能力(即培养两个意识,提高两种能力);了解电气技术和其他学科领域的相互联系和相互促进的关系,为今后专业课的学习和工作奠定理论和实践基础</td></tr>
</table>

续上表

<table>
<tr><td>学习领域课程</td><td colspan="3">电路分析与安全用电</td></tr>
<tr><td>学期</td><td>1</td><td>参考学时</td><td>60</td></tr>
<tr><td colspan="4">学习内容：
1. 电路的基本概念和定理
2. 电阻电路的等效变换法
3. 电路分析的网络方程法
4. 正弦交流电路
5. 谐振与互感电路
6. 三相电路
7. 非正弦周期电流电路
8. 动态电路的时域分析</td></tr>
</table>

<table>
<tr><td>学习领域课程</td><td colspan="3">RFID 技术</td></tr>
<tr><td>学期</td><td>3</td><td>参考学时</td><td>42</td></tr>
<tr><td colspan="4">学习目标：
本课程是针对物流行业中普遍存在的自动识别技术，从原理上对条码技术、射频识别技术及其他识别技术进行讲解，注重培养学生对条码和射频的设计及应用能力。通过本课程的学习，学生不仅可以掌握条码和射频技术的原理，而且具备一定的设计和应用能力。
本课程涉及条码识别、卡识别、射频识别等各种自动识别技术，对各种自动识别技术的名词术语、基本理论、相关标准和规范及具体内容作了详细的介绍。针对当今应用领域中多种自动识别技术集成应用的特点，对大量应用案例和具体产品进行介绍，使学生可以系统了解自动识别技术的最新发展状况</td></tr>
<tr><td colspan="4">学习内容：
1. 自动识别技术概论
2. 条码技术
3. 射频识别技术
4. 语音识别技术
5. 图像识别与处理技术
6. 其他识别技术</td></tr>
</table>

<table>
<tr><td>学习领域课程</td><td colspan="3">模拟电子技术与实践</td></tr>
<tr><td>学期</td><td>2</td><td>参考学时</td><td>56</td></tr>
<tr><td colspan="4">学习目标：
本课程是电子类专业重要的专业基础课程，是一门理论性与实践性很强的课程。要求通过课程的理论和实践环节，使学生掌握基本的半导体元件的工作原理；掌握常用的半导体元件以及常用的模拟集成电路的工作特性、参数和使用；掌握模拟电路的基本分析方法和基本单元电路的工作原理；培养电路分析能力和基本的实验技能，为学习后续的专业课程和将来从事电子技术工作打下坚实的基础</td></tr>
<tr><td colspan="4">学习内容：
1. 半导体、半导体二极管及其整流电路
2. 三极管及放大电路的分析
3. 多级放大电路和功率放大电路
4. 负反馈与集成运算放大器
5. 信号产生和处理电路</td></tr>
</table>

<table>
<tr><td>学习领域课程</td><td colspan="3">数字逻辑电路与实践</td></tr>
<tr><td>学期</td><td>2</td><td>参考学时</td><td>56</td></tr>
<tr><td colspan="4">学习目标：
数字电子技术是无线电技术专业必修的一门技术基础课。它的任务是：使学生掌握工程技术人员必须具备的数字电子技术的基础知识、基础理论与基本技能。学会自行分析相关电路。培养学生综合应用知识，设计一般逻辑电路的能力，为学习专业课及以后工作打下基础。
1. 掌握逻辑代数的基本知识
2. 理解门电路、触发器、脉冲信号的产生与整形电路的工作原理
3. 掌握组合电路、时序逻辑电路的一般分析规律，具有较强的电路分析能力
4. 理解 D/A 与 A/D 转换电路的工作原理</td></tr>
<tr><td colspan="4">学习内容：
1. 数字电路基础
2. 逻辑门电路
3. 组合逻辑电路
4. 触发器
5. 时序逻辑电路
6. 脉冲信号的产生与整形
7. 模拟量与数字量的转换
8. 数字电路综合应用</td></tr>
</table>

<table>
<tr><td>学习领域课程</td><td colspan="3">通信电子线路</td></tr>
<tr><td>学期</td><td>3</td><td>参考学时</td><td>56</td></tr>
<tr><td colspan="4">学习目标：
本课程是无线电技术专业的重要专业基础课程，是一门理论性与实践性很强的课程。要求通过课程的理论和实践环节，使学生掌握无线电高频电路处理的原理和分析方法，掌握无线电通信设备中各基本单元电路的组成和工作原理，培养和提高学生电路分析能力和实验能力，为后续的通信设备和广播设备电路的学习做准备，也为今后从事无线电设备的技术工作打好基础</td></tr>
<tr><td colspan="4">学习内容：
1. LC 谐振回路
2. 高频小信号放大电路
3. 高频功率放大电路
4. 正弦波振荡器
5. 频率变换电路的分析方法
6. 线性频率变换电路
7. 非线性频率变换电路
8. 锁相环的概述</td></tr>
</table>

<table>
<tr><td>学习领域课程</td><td colspan="3">单片机应用</td></tr>
<tr><td>学期</td><td>4</td><td>参考学时</td><td>60</td></tr>
<tr><td colspan="4">学习目标：
单片机应用技术是玩具设计与制造专业（智能玩具方向）的一门专业课程。本课程讲授了单片机的应用基础，单片机的内部结构及指令系统，单片机的程序设计，中断系统和定时器，串行口和系统的扩展，测试接口，80c51 兼容单片机等，以培养学生将单片机应用于智能玩具设计与制造的能力。通过本课程的教学，应使学生达到下列要求：
1. 初步掌握单片机基础知识
2. 熟悉单片机的内部结构及指令系统
3. 能够进行单片机的程序设计
4. 熟悉其中断系统和定时器
5. 了解串行口和系统的扩展
6. 了解测控接口
7. 了解 80c51 兼容单片机</td></tr>
</table>

续上表

学习领域课程	单片机应用		
学期	4	参考学时	60
学习内容： 1. 计算机应用概述 2. MCS-51 单片机的结构和原理 3. MCS-51 单片机并行端口的结构和操作 4. MCS-51 单片机的指令系统 5. MCS-51 单片机的程序设计 6. MCS-51 单片机的中断系统与定时器 7. MCS-51 单片机的串行口 8. MCS-51 单片机的系统扩展 9. MCS-51 单片机的测控接口			

学习领域课程	电子产品的设计与制作		
学期	4	参考学时	60
学习目标： 1. 掌握电子设计与制作的基本理论，并能运用这些理论，进行电子产品的电路设计与制作 2. 掌握常用模拟电子单元电路及系统电路的设计与制作 3. 掌握常用数字电子单元电路及系统电路的设计与制作 4. 学会 EDA 软件之一 Electronic Workbench 的使用 5. 能独立完成电子设计与制作的实训项目，接受基本的实验技能训练			
学习内容： 1. 电子产品设计与制作的方法 2. 模拟电子电路设计与制作 3. 数字电子电路设计与制作 4. EDA 技术基础			

学习领域课程	电子测量仪器与产品检验		
学期	4	参考学时	60
学习目标： 电子测量仪器是无线电技术专业必修的一门技术基础课。它的任务是：使学生理解电子测量的基本概念、基本方法以及常用电子仪器的基本工作原理。其目的是使学生通过课程学习之后能掌握上述的基本知识，为日后从事整机装配、调试、检测和维护工作打下基础。 1. 了解万用电表、电子电压表的结构，掌握它们的工作原理、使用方法 2. 了解稳压电源、信号发生器的组成，掌握它们的工作原理、使用方法 3. 了解电子示波器、Q 表、数字式频率计、晶体管特性测试仪的组成，理解它们的工作原理，掌握它们的使用方法 4. 能独立完成规定的实验，接受基本的实验技能训练			
学习内容： 1. 万用电表 2. 电子电压表 3. 稳压电源 4. 信号发生器 5. 电子示波器 6. 元件参数的测量 7. 数字式频率计 8. 晶体管特性测试仪			

<table>
<tr><td>学习领域课程</td><td colspan="3">现代通信技术</td></tr>
<tr><td>学期</td><td>3</td><td>参考学时</td><td>56</td></tr>
<tr><td colspan="4">学习目标：
本课程是应用电子技术专业的基础课。其主要任务是使学生了解现代通信技术与理论，掌握现代通信系统的基本原理、通信技术在实际系统中的应用。本课程以数字通信技术为主，模拟技术为辅。
1. 掌握本课程的基本概念，建立起模拟通信系统和数字通信系统的模型，掌握模型中各个基本组成部分的作用和任务
2. 系统地掌握信源编码，时分复用原理，模拟信号的数字传输、基带传输、频带传输、同步系统等主要技术
3. 了解差错控制编码的原理及常用检错码和纠错的概念，以及伪随机系列的产生、性质和应用情况</td></tr>
<tr><td colspan="4">学习内容：
1. 通信系统的基本组成和基本概念，数字通信的主要性能指标
2. 信道的基本概念和特性，通信中可能存在的各种噪声，不同信道对所传信号的影响和改善信道特性的方法，信道容量的概念
3. PCM 和⊿M 原理与应用，时分复用和数字复接技术
4. 基带传输信号的基本码型，如差分码，AMI 码及 HDB_3 码的编码规则，码间串扰和系统无码间串扰的传输特性，眼图，时域均衡的概念
5. 数字信号的调制解调技术，如 2ASK、2FSK、2PSK、2DPSK、MFSK、MPSK 和 OQPSK
6. 同步技术在数字通信中的作用和意义，如载波同步、位同步，同步的实现方法及性能指标
7. 差错控制编码的原理及常用检错码和纠错码的概念，线性分组码和卷积码的构成原理及解码方法，网格编码调制(TCM)新技术
8. 伪随机序列的产生、性质及应用情况、扩展频谱通信、保密通信的应用</td></tr>
</table>

<table>
<tr><td>学习领域课程</td><td colspan="3">C 语言程序设计</td></tr>
<tr><td>学期</td><td>2</td><td>参考学时</td><td>56</td></tr>
<tr><td colspan="4">学习目标：
本课程是一门重要的专业基础课程，基本上所有的计算机专业以及大部分理工科专业都开设该课程。通过学习 C 语言，可以培养学生掌握用计算机处理问题的思维方法，为进一步学习和应用计算机语言打下坚实的基础。
通过学习该课程，使学生掌握 C 语言的基本构成及其使用方法，以及阅读程序和编写程序的能力</td></tr>
<tr><td colspan="4">学习内容：
1. 数据类型、运算符与表达式
2. C 语言概述
3. 顺序结构程序设计
4. 选择结构程序设计
5. 循环控制
6. 数组
7. 函数
8. 指针</td></tr>
</table>

<table>
<tr><td>学习领域课程</td><td colspan="3">现代传感技术</td></tr>
<tr><td>学期</td><td>3</td><td>参考学时</td><td>56</td></tr>
<tr><td colspan="4">学习目标：
传感器能敏感地检测出各种的有用信息，充当着电子计算机、智能机器人、自动控制设备的“感觉器官”。本课程是玩具专业(智能玩具方向)的一门重要的必修专业课。主要任务是讲授传感的一般特性、各种传感器的工作原理及其应用、各种传感技术和现代检测技术等。目的是使学生熟悉现代传感技术及相关检测技术。通过本课程的教学，应使学生达到下列目标：
1. 掌握传感器的特性、一般性能指标
2. 掌握不同种类的传感器及其应用
3. 能够根据需要选用合适的传感器
4. 能够利用传感器组建检测系统</td></tr>
</table>

续上表

学习领域课程	现代传感技术		
学期	3	参考学时	56
学习内容： 1. 传感器概论 2. 电阻式传感器 3. 电感式传感器和电容式传感器 4. 磁电式传感器、压电式传感器、热电式传感器 5. 光电式传感器、新型传感器 6. 现代检测技术			

学习领域课程	Pro/E 电子产品设计		
学期	3	参考学时	56
学习目标： Pro/Engineer 是最近在国内应用日益广泛的 CAD/CAM 软件，涉及平面工程图、三维造型、加工制造、电缆布线和电子线路等，其最大优势就是三维模型和矢量化处理。本课程是应用电子技术专业的必修课程。主要任务是讲授 Pro/E 的基本操作、二维剖面的设计、基本实体特征的建立、基准特征、标准特征、常用特征、特征的编辑，工程图的制作等，以培养学生计算机辅助造型设计的能力。通过本课程的教学，应使学生达到下列要求： 1. 掌握 Pro/E 操作的初步技能及方法 2. 了解二维、三维图形的设计方法 3. 掌握三维造型的实体特征 4. 具有将实体转变成工程图的技能 5. 了解玩具造型设计的过程及基本方法			
学习内容： 1. Pro/E 的基本操作 2. 剖面的设计 3. 基本实体特征的建立 4. 基准特征 5. 标准特征和常用特征 6. 特征的编辑 7. 工程图制作			

【课程考核要点】

在本专业的教学过程中，对学生成绩的考核不再单一地采用卷面成绩，而是按照不同的课程性质确定成绩评价方法。采用的评价方法有三种：一是“形成性评价”和“终结性评价”相结合；二是“基础评价”与“特长评价”相结合；三是“评定等级”和“评语”相结合。

(1)考核应以形成性考核为主，可以根据不同课程的特点和要求采取笔试、口试、实操、作品展示、成果汇报等多种方式进行考核。

(2)考核要以能力考核为核心，综合考核专业知识、专业技能、方法能力、职业素质、团队合作等。

(3)各门课程应该根据课程的特点和要求，采取不同方式对各个方面进行考核，通过一定的加权系数评定最终成绩。每门课程的考核要点、权重根据课程教学方案确定。

【教师基本要求】

(1)专职专业教师应具备本专业或相近专业大学本科以上学历(含本科)；

(2)专职实训教师要具备应用电子技术专业中级以上的资格证书(含中级工)或工程师及

其以上职称；

(3)本专业专职教师“双师素质”资格的比例要达到80%以上；

(4)专职专业教师与学生比例为1:25左右，其中企业兼职教师占教师总数的比例不低于60%。

【基本实训条件要求】

实训条件和实训场地应根据师生的健康、安全要求和教学内容确定使用面积。采光、照明、卫生、消防等条件应符合国家相关规定。

项　　目	条件要求
设施要求	用于实训基地建设总的建筑面积应在1 000m^2以上，其中车间面积应在100 m^2以上，且学生的人均面积不少于3 m^2，层高不低于4.5m
设备要求	电子类实验实训设备总值500万元以上，且学生的人均设备价值不低于1.2万元，具有电子工艺实训室、单片机实训室、EDA室等
校外基地	每30名学生应有1家稳定的校外企业作为教学和实习基地，并能不断拓展更多的新的校外基地

实验设备方面，要求每一位学生拥有一台实验设备。大型实验设备分配的学生数量不能超过5人。

应用电子技术专业课程标准

《Auto CAD》课程标准

【课程名称】

Auto CAD

【适用专业】

电子信息工程技术、应用电子技术、玩具设计与制造。

课 程 类 别	专业学习领域	开 课 部 门	电 子 系
总学时	30	学分	1.5
授课方式:教、学、做一体化			
面向专业	电子、信息、玩具	开设学期	1

1. 学习领域定位

本课程是研究怎样绘制和阅读工程图样的原理和方法,并培养学生形象思维能力的一门基础课。其主要任务是加强学生实践能力和职业技能,拓宽学生的空间想象力,培养独立分析问题和解决问题的能力,学会画图、读图和测绘技术技能,并初步掌握电子零部件设计的基本知识,为后续课程打下基础。

2. 学习目标

通过本课程的学习,使学生掌握国家机械制图标准,培养学生具备绘制和阅读常见机器或部件的零件图和装配图的基本能力,能正确选用和使用常用量具,具有尺寸公差、形位公差、表面粗糙度的合理选择、标注和检测的能力,能熟练进行机械零、部件测绘工作,能熟练应用Auto CAD软件绘制图样。具体目标按职业能力的三个方面进行描述:

2.1 专业能力

(1)掌握正投影理论,学会点、线、面、组合体的投影规律,使学生具备初步的绘图、识图能力;

(2)掌握三视图和轴测图的绘制方法,强化学生的空间想像能力;

(3)掌握工具游标卡尺等常用测量工具的使用方法,能够完成零件的测绘工作;

(4)掌握绘图软件 Auto CAD 的使用,培养计算机绘图能力。

2.2 方法能力

(1)具有较好的空间想像能力和空间分析能力;

(2)具有读图、识图的基本素质,表达和交流技术思想的能力;

(3)具备科学的思维方法,具有一定的识图、读图查阅资料的能力;

(4)具备独立学习的能力,具有不断学习的思想。

2.3 社会能力

(1)具备较强的社交能力;

(2)具备较强组织和团队协作能力;

(3)具备良好的敬业精神和职业道德。

3. 学习内容

本学习领域由组合体的识别与绘制、指针式万用表旋钮开关/插孔三视图的测绘、电源插头/插排结构分析及组合体轴测图的绘制、螺纹紧固件的识记与绘制、轴承/齿轮/弹簧的识记及其零部件的绘制音箱壳体与USB接口立体图的绘制等6个学习情境组成。

学习情境	情境描述	学习内容	参考学时
1. 组合体的识别与绘制	以基本体、组合体为载体,依据国家制图标准,学习制图基础知识及投影基础知识	1. 图幅、比例、字体、图线等的选择 2. 线条画法、圆弧连接及尺寸标注 3. 绘图工具的使用 4. 点、线、面及基本体的投影 5. 截交线、相贯线、轴测图的画法	6
2. 指针式万用表旋钮开关/插孔三视图的测绘	学习测绘工具的使用,以万用表为载体,学习正投影法及实体视图的表达	1. 游标卡尺等量具的使用 2. 正确选择主视图和俯视图,完整清晰地表达组合体的内外形状 3. 标注尺寸,要做到正确、齐全、清晰 4. 图线画法、图形布置应符合有关要求	2
3. 电源插头/插排结构分析及组合体轴测图的绘制	以电源插头、插排为载体,学习组合体的结构分析方法,正确绘制零件的轴测图	1. 截交线与相贯线的画法 2. 绘制电源插头的三视图 3. 绘制电源插头、插排的轴测图	4
4. 螺纹紧固件的识别与绘制	以灯口等为载体,学习螺纹紧固件的画法,正确绘制紧固件的连接装配图	1. 常用螺纹紧固件的标识方法 2. 内外螺纹的规定画法 3. 螺栓、螺钉、螺母、垫圈等紧固件画法及其连接装配图的画法	4
5. 轴承/齿轮/弹簧的识别及其零部件的绘制	以轴承、齿轮、弹簧为载体,学习标准件常用件的识别及剖视图的绘制	1. 剖视图的种类及各种剖视图的画法 2. 轴承座的剖视图画法 3. 轴承、齿轮、弹簧的装配图的识读 4. 零件的尺寸、精度及技术要求的标注	4
6. 音箱壳体与USB接口立体图的绘制	以音箱壳体、USB接口为载体,学习Auto CAD绘图软件的使用	1. 绘图、编辑工具栏中各工具的使用 2. 实体及实体编辑工具的使用 3. 绘制音箱壳体、USB接口的三视图 4. 绘制音箱壳体、USB接口的立体图	10

4. 学习领域课程设计思路

4.1 设计理念

本课程按照机械制图的国家标准,本着从简单到复杂的工作过程,以电子信息类专业常见的电子零部件、结构件为载体,充分发挥学生主观能动性,提高学生自主学习的能力,合理选择教学任务,将理论学习与实践训练有机结合,培养学生绘制与阅读工程图的能力,空间想像能力,计算机绘图能力。

4.2　内容组织

通过课程内容的整合与重组，以常见的电子零部件、结构件为载体，构建任务型学习情境。整个教学过程按照由易到难、由局部到整体的认知规律排列任务顺序，以学生为主体，采用理论实训一体化教学，培养学生对电子零部件的读图、绘图的技能。

4.3　教学设计

针对每个任务，采用任务书的形式，通过该任务的效果图或视频导入，提出任务目标。学生做出以完成任务为目的的工作计划并进行实施。任务完成后进行评估和检查。在学生制订工作计划前，教师对完成任务所用到的知识和技能做出必要的讲解。知识的讲解建立在学生对所学内容有感性认识的基础之上，提出任务，通过学生实训，引导学生主动观察、思考、找寻答案，再通过知识讲解、技能训练，最终完成任务。

4.4　学习情境设计说明

<table>
<tr><td colspan="2">学习情境1:组合体的识别与绘制</td><td>参考学时:6</td></tr>
<tr><td colspan="3">学习目标</td></tr>
<tr><td colspan="3">1. 能够正确使用常用绘图工具
2. 分析零部件的基本几何图形构成
3. 分析零部件中点、线、面的投影特性
4. 能够对基本体与几何体进行绘制</td></tr>
<tr><td colspan="2">学习任务</td><td rowspan="2">教学方法和建议</td></tr>
<tr><td>任务名称</td><td>任务主要内容</td></tr>
<tr><td>1. 常用绘图工具的使用</td><td>机械制图国家标准一般规定的学习，常用绘图工具的使用，用绘图工具绘制基本几何图形</td><td>教师讲授、多媒体辅助、学生练习</td></tr>
<tr><td>2. 绘制正六棱柱</td><td>点、线、面的投影特性，直角投影定理，平面几何体的绘制</td><td>实物展示、教师讲授、学生练习</td></tr>
<tr><td>3. 绘制相贯组合体</td><td>回转体的投影，截交线、相贯线、轴测图的画法</td><td>实物展示、教师讲授、多媒体辅助、学生练习</td></tr>
</table>

<table>
<tr><td colspan="2">学习情境2:指针式万用表旋钮开关/插孔三视图的测绘</td><td>参考学时:6</td></tr>
<tr><td colspan="3">学习目标</td></tr>
<tr><td colspan="3">1. 正确使用游标卡尺等量具
2. 具备根据几何形体的内外形状和大小想像物体的几何形状的能力
3. 具备根据测量数据绘制零件的三视图的能力
4. 在测量分析中加强团结协作的能力</td></tr>
<tr><td colspan="2">学习任务</td><td rowspan="2">教学方法和建议</td></tr>
<tr><td>任务名称</td><td>任务主要内容</td></tr>
<tr><td>1. 绘制插孔的三视图</td><td>游标卡尺等工具的使用方法，测量插孔尺寸，据测得数据绘制插孔的三视图</td><td>实物展示、教师讲授、任务教学、学生分组练习</td></tr>
<tr><td>2. 绘制旋钮开关的三视图</td><td>游标卡尺等工具的使用方法，测量旋钮开关尺寸，据测得数据绘制旋钮开关的三视图</td><td>实物展示、教师讲授、任务教学、学生分组练习</td></tr>
</table>

<table>
<tr><td colspan="3">学习情境3:电源插头/插排结构分析及组合体轴测图的绘制　　参考学时:4</td></tr>
<tr><td colspan="3">学习目标</td></tr>
<tr><td colspan="3">1. 具备分析零件结构组成的能力
2. 具备绘制组合体的视图以及分析绘制表面交线的能力
3. 能够正确绘制组合体的轴测图</td></tr>
<tr><td colspan="2">学习任务</td><td rowspan="2">教学方法和建议</td></tr>
<tr><td>任务名称</td><td>任务主要内容</td></tr>
<tr><td>1. 绘制电源插头</td><td>分析电源插头的结构组成及表面交线的类型,绘制插头的三视图、轴测图</td><td>实物展示、教师示范、多媒体辅助、任务教学、学生绘图</td></tr>
<tr><td>2. 绘制电源插排</td><td>电源插排的结构分析及表面交线的类型,绘制插排的轴测图</td><td>实物展示、教师示范、多媒体辅助、任务教学、学生绘图</td></tr>
</table>

<table>
<tr><td colspan="3">学习情境4:螺纹紧固件的识别与绘制　　参考学时:4</td></tr>
<tr><td colspan="3">学习目标</td></tr>
<tr><td colspan="3">1. 具备根据代号认知螺纹紧固件的能力
2. 能够绘制螺纹紧固件连接装配图</td></tr>
<tr><td colspan="2">学习任务</td><td rowspan="2">教学方法和建议</td></tr>
<tr><td>任务名称</td><td>任务主要内容</td></tr>
<tr><td>1. 螺纹紧固件及其连接装配图的绘制</td><td>认识各种常用螺纹紧固件,螺栓、螺母等紧固件的简化画法,连接装配图的画法</td><td>教师讲授、多媒体辅助、任务教学、学生练习</td></tr>
<tr><td>2. 螺纹灯口的绘制</td><td>依据螺纹的规定画法绘制灯口的三视图</td><td>实物展示、教师讲授、多媒体辅助、学生练习</td></tr>
</table>

<table>
<tr><td colspan="3">学习情境5:轴承/齿轮/弹簧的识记及其零部件的绘制　　参考学时:4</td></tr>
<tr><td colspan="3">学习目标</td></tr>
<tr><td colspan="3">1. 具备根据零件图读懂零件结构、尺寸的能力
2. 具备根据外形轮廓想像零件内部结构的能力</td></tr>
<tr><td colspan="2">学习任务</td><td rowspan="2">教学方法和建议</td></tr>
<tr><td>任务名称</td><td>任务主要内容</td></tr>
<tr><td>1. 识读轴承零件图</td><td>了解常用轴承的构造及种类,轴承座剖视图的绘制,轴承零件图的识读</td><td>教师讲授、多媒体辅助、学生练习</td></tr>
<tr><td>2. 识读齿轮零件图</td><td>了解常用齿轮的构造及种类,齿轮零件图的识读</td><td>教师讲授、多媒体辅助、学生练习</td></tr>
<tr><td>3. 识读弹簧零件图</td><td>了解常用齿轮的构造及种类,齿轮零件图的识读</td><td>教师讲授、多媒体辅助、学生练习</td></tr>
</table>

<table>
<tr><td>学习情境6:音箱壳体、USB 接口立体图的绘制　　参考学时:10</td></tr>
<tr><td>学习目标</td></tr>
<tr><td>1. 掌握 Auto CAD 的工作界面及主要绘图工具的使用
2. 用 Auto CAD 绘图软件绘制简单零部件的三视图和立体图</td></tr>
</table>

续上表

学习任务		教学方法和建议
任务名称	任务主要内容	
1. USB 接口三视图的绘制	了解 Auto CAD 绘图工具栏、编辑工具栏中各工具的使用，分析 USB 接口的结构，测量接口的尺寸，使用 Auto CAD 软件绘制三视图	实物展示、微型计算机室教学，上机实操，讲练结合
2. 音箱壳体立体图的绘制	Auto CAD 实体及实体编辑中各工具的使用，分析音箱壳体的结构组成，测量音箱壳体的尺寸，使用 Auto CAD 软件绘制壳体立体图	实物展示、微型计算机室教学，上机实操，讲练结合

5. 考核方式

学生成绩的评定，以学生平时表现和任务完成情况及最终考核综合核定。评分细则如下表：

计分项目		分　值
平时成绩	出勤、纪律	10
	组合体的识别与绘制	10
	指针式万用表旋钮开关/插孔三视图的测绘	10
	电源插头/插排结构分析及组合体轴测图的绘制	10
	螺纹紧固件的识别与绘制	5
	轴承/齿轮/弹簧的识别及其零部件的绘制	5
	音箱壳体、USB 接口立体图的绘制	10
最终考核成绩	绘图能力及理论知识	30

其中，平时成绩包括平时上课的表现和各任务的完成情况，占总成绩的 70%；最终考核成绩所用考核方式为笔试，占总成绩的 30%（其中，理论内容考试占 50%，绘图能力考核占 50%）。最终根据考核题目任务完成情况给出总成绩。

《C 语言程序设计》课程标准

【课程名称】

C 语言程序设计

【适用专业】

应用电子技术、电子信息工程技术

1. 前言

1.1　课程性质

本课程是应用电子技术及电子信息工程技术专业的专业基础课程，其目标是让学生具备基本的程序设计、调试和分析能力。本课程以《计算机应用基础》的学习为基础，也是进一步学习《单片机应用》、《C 语言程序设计》等课程的基础。

1.2　设计思路

本课程的总体设计思路是：以工作任务为中心组织课程内容，并让学生在完成具体项目的过程中学会完成相应工作任务，并构建相关理论知识，发展职业能力。课程内容突出对学生程序设计能力和编程技能的训练，理论知识的选取紧紧围绕工作任务完成的需要进行，同时又充分考虑了高等职业教育对理论知识学习的需要，并融合了相关专业课程、职业资格证书对知识、技能和态度的要求。项目设计以职业成长规律及认识规律为线索进行。教学过程中，充分开发学习资源，给学生提供充足的实践机会。教学效果评价采取过程评价与结果评价相结合的方式，通过理论与实践相结合，重点评价学生的职业能力。

本课程的参考学时为 72 学时。

2. 课程目标

通过本课程的学习，使学生掌握 C 语言的基本语法，以及程序设计的基本思想、概念和方法，并能运用所学的知识和技能对一般问题进行分析和程序设计，编写出高效的 C 语言应用程序，逐步养成严谨的逻辑思维能力和灵活的应用能力。

通过本课程的学习，学生应达到下列基本要求：掌握 C 语言基本语句、语法、数据类型、运算符和表达式，顺序、选择、循环结构程序设计，数组、函数、指针、文件、结构体类型变量、结构体数组等的使用。能够使用 C 语言进行应用程序设计。

3. 课程内容和要求

项　目	知识内容与要求	技能内容与要求	活动设计(举例)	参考学时
项目一　C 语言运行环境及基础	掌握调试 C 语言的环境及系统的应用	能利用 Visual C + +6.0 或 Turbo C 2.0 完成程序调试	1. 简单 C 语言程序设计 2. 上机熟悉环境 3. C 语言程序错误代码的识别与处理	12
项目二　C 语言基本编程方法及应用	掌握 C 语言程序的基本元素与语法	能分辨正确的变量标识符，各种类型数据的取值范围和应用场合	1. 标识符的命名规则 2. 各种运算符及优先级别 3. 基本输入/输出语句 4. 利用摇珠程序进行抽签答题活动	20

续上表

项　目	知识内容与要求	技能内容与要求	活动设计(举例)	参考学时
项目三　结构化程序设计的基本结构	掌握C语言简单程序的编写与应用	能运用顺序结构、选择结构和循环结构编写基本程序	1. 顺序结构程序设计 2. 选择结构程序设计 3. 循环结构程序设计	20
项目四　程序设计能力进阶训练	掌握C语言中函数、数组的应用,了解指针、位运算的应用,及结构体的运用	能编写程序和阅读程序	1. 阅读程序训练 2. 编程练习 3. 菜单的编写方法 4. 子函数编写与调用,参数的传递方法	20
项目五　学生成绩管理系统的设计*	掌握小型系统设计的基本方法与程序调试的基本方法	能设计学生成绩管理系统并调试程序	1. 系统框图的设计 2. 各子函数的设计 3. 程序调用及参数传递 4. 分工合作的能力	30*

注:*该项目应安排在课外或单列实训课程进行。

4. 实施建议

4.1　教材编写

编写基于工作过程的项目导向,基于教、学、做一体化的校本教材,才能将课程标准中的课程内容落到实处。校本教材最好是讲稿类型,目的是使课程内容中的项目能与时俱进,及时反映新技术、新工艺。

4.2　教学建议

本课程最好选择适合当地经济发展及学校实训条件的项目。选用项目教学法、边学边做教学法、讨论教学法、启发式教学法等。

4.3　教学评价

学生学习成绩由以下四项组成:

实训程序的编写与调试　　(30分)

课堂讨论　　(20分)

小型应用系统设计　　(20分)

课堂练习　　(30分)

4.4　课程资源的开发与利用

充分开发或利用相关教辅材料、实训指导手册、网络资源、仿真软件等课程资源,给学生提供丰富的实践机会,使项目教学落到实处。

5. 其他说明

本课程标准中的教学项目是可以改变的,但新的教学项目组合应涵盖本课程对学生的知识要求与能力要求。

《FPGA 原理及应用》课程标准

【课程名称】

FPGA 原理及应用

【适用专业】

应用电子技术、电子信息工程技术

1. 前言

1.1　课程性质

本课程是应用电子技术及电子信息工程技术专业的核心课程，它以《数字电路》、《模拟电子技术与实践》等课程的学习为基础，目标是让学生了解 FPGA 的基本原理，具备由 FPGA 构成的数字电路的分析能力、制作能力，并初步具备使用 FPGA 进行数字电路系统设计的能力。

1.2　设计思路

本课程的总体设计思路是：打破以知识传授为主要特征的传统学科课程模式，转变为以工作任务为中心组织课程内容，并让学生在完成具体项目的过程中学会完成相应工作任务，并构建相关理论知识，发展职业能力。课程内容突出对学生职业能力的训练，理论知识的选取紧紧围绕完成工作任务的需要，同时又充分考虑了高等职业教育对理论知识学习的需要，并融合了考取相关职业资格证书对知识、技能和态度的要求。项目设计以职业成长规律及认识规律为线索。教学过程中，要通过校企合作、校内实训基地建设等多种途径，采取工学结合、半工半读等形式，充分开发学习资源，给学生提供丰富的实践机会。教学效果评价采取过程评价与结果评价相结合的方式，通过理论与实践相结合，重点评价学生的职业能力。

本课程的参考学时为 64 学时，综合实训建议为 1 周。

2. 课程目标

通过本课程的学习，使学生能分析由 FPGA 构成的简单电路，掌握基本的 VHDL 语言设计能力，逐步养成严谨、务实的工作态度。

3. 课程内容和要求

项　　目	知识内容与要求	技能内容与要求	参考学时
项目一　基本门电路的使用	掌握基于原理图的 Quaruts 的 FPGA 设计	能熟练地在 FPGA 内部使用相关的门电路	8
项目二　简易抢答器的分析与制作	掌握基于 VHDL 语言的组合逻辑电路的设计	能分析四路简易抢答器的原理并成功制作	12
项目三　频率计的设计	掌握基于 VHDL 语言的时序逻辑电路的设计	能分析频率计的工作过程和动态扫描 LED 的原理，并成功制作简易频率计	24
项目四　交通灯的制作	掌握状态机的使用	掌握交通灯的状态变换，并设计制作交通灯	8
项目五　数字时钟的设计	综合大实验	综合大实验	12

4. 实施建议

4.1　教材编写

编写基于工作过程的项目导向，基于教、学、做一体化的校本教材，才能将课程标准中的课程内容落到实处。校本教材最好是讲稿类型，目的是使课程内容中的项目能与时俱进，及时反映新技术、新工艺。

4.2　教学建议

本课程最好选择适合当地经济发展及学校实训条件的项目。选用项目教学法、边学边做教学法、讨论教学法、启发式教学法等。

4.3　教学评价

学生学习成绩由以下五项组成：

基本门电路的使用　　　　(20 分)
简易抢答器分析与制作　(20 分)
频率计的设计　　　　　　(20 分)
交通灯的制作　　　　　　(20 分)
数字时钟的设计　　　　　(20 分)

4.4　课程资源的开发与利用

充分开发或利用相关教辅材料、实训指导手册、网络资源、仿真软件等课程资源，给学生提供丰富的实践机会，使项目教学落到实处。

5. 其他说明

本课程标准中的教学项目是可以改变的，但新的教学项目组合应涵盖本课程对学生的知识要求与能力要求。

《PLC 控制器》课程标准

【课程名称】

PLC 控制器

【适用专业】

应用电子技术

1. 前言

1.1　课程性质

本课程是应用电子技术专业课程，目标是让学生具备应用 PLC 技术进行工业生产线、电气电路安装调试的分析能力、测试能力，并初步具备 PLC 电气控制系统的设计能力。它以《电路分析与安全用电》、《单片机应用》等课程的学习为基础，也是进一步学习《嵌入式系统实践》、《电子产品工艺与管理》等课程的基础。

1.2　设计思路

本课程的总体设计思路是：打破以知识传授为主要特征的传统学科课程模式，转变为以工作任务为中心组织课程内容，并让学生在完成具体项目的过程中学会完成相应工作任务，并构建相关理论知识，发展职业能力。课程内容突出对学生职业能力的训练，理论知识的选取紧紧围绕工作任务完成的需要，同时又充分考虑了高等职业教育对理论知识学习的需要，并融合了相关职业资格证书对知识、技能和态度的要求。项目设计以职业成长规律及认识规律为线索进行。教学过程中，要通过校企合作，校内实训基地建设等多种途径，采取工学结合、半工半读等形式，充分开发学习资源，给学生提供丰富的实践机会。教学效果评价采取过程评价与结果评价相结合的方式，通过理论与实践相结合，重点评价学生的职业能力。

本课程的参考学时为 68 学时。

2. 课程目标

通过本课程的学习，使学生能读懂 PLC 控制线路图，掌握基本的 PLC 程序开发技术，逐步养成严谨、务实的工作态度。

通过本课程的学习，使学生达到以下职业能力：分析 PLC 控制线路电路的能力，测试和分析 PLC 控制电路故障的能力，具备 PLC 梯形图程序设计、调试的能力，具备查阅图书资料、产品手册和各种工具书的能力。

3. 课程内容和要求

项　目	知识内容与要求	技能内容与要求	活动设计(举例)	参考学时
项目一　延时启动电动机	掌握 PLC 延时定时器功能	能简单编程实现 PLC 控制电动机延时启动和停止	1. I/O 配置和接线 2. 编程与调试 3. 延时启停控制知识归纳	16
项目二　闪烁灯光控制	掌握 PLC 时序控制功能	能编制霓虹灯光闪烁控制程序	1. I/O 配置与接线 2. 编程与调试 3. PLC 时序控制知识归纳	16

续上表

项　　目	知识内容与要求	技能内容与要求	活动设计(举例)	参考学时
项目三　水塔水位控制	掌握具有开关信号输入的 PLC 程序设计方法	能按照水位实时控制水泵电动机的启停	1. I/O 配置与接线 2. 编程与调试 3. PLC 实时控制知识归纳	16
项目四　交通信号灯控制	掌握 PLC 步进程序设计方法	能步进实现交通信号灯控制	1. I/O 配置与接线 2. 编程与调试 3. PLC 步进控制知识归纳	20
项目五　电梯控制模型*	应用 PLC 控制器进行系统开发的能力	在电梯模型上实现电梯升降控制	1. 项目性能指标的拟定 2. 系统框图的设计 3. I/O 配置与接线 4. 编程与调试 5. PLC 控制系统设计方法的归纳	30*

注:*表示此部分内容可供接收能力强的学生学习,以体现因材施教。

4. 实施建议

4.1　教材编写

编写基于工作过程的项目导向,教、学、做一体化的校本教材,才能将课程标准中的课程内容落到实处。校本教材最好是讲稿类型,目的是使课程内容中的项目能与时俱进,及时反映新技术、新工艺。

4.2　教学建议

本课程最好选择适合当地经济发展及学校实训条件的项目。选用项目教学法、边学边做教学法、讨论教学法、启发式教学法等。

4.3　教学评价

学生学习成绩由以下六项组成:

延时启动电动机　　　(20 分)
闪烁灯光控制　　　　(20 分)
水塔水位控制系统　　(20 分)
交通信号灯控制器　　(20 分)
答辩　　　　　　　　(20 分)
附加分　　　　　　　(10 分　电梯控制模型)

4.4　课程资源的开发与利用

充分开发或利用相关教辅材料、实训指导手册、网络资源、仿真软件等课程资源,给学生提供丰富的实践机会,使项目教学落到实处。

5. 其他说明

本课程标准中的教学项目是可以改变的,但新的教学项目组合应涵盖本课程对学生的知识要求与能力要求。

《Pro/E 电子产品设计》课程标准

【课程名称】

Pro/E 电子产品设计

【适用专业】

电子信息工程技术

1. 前言

1.1　课程性质

本课程是电子信息工程技术专业的专业选修课程，其目标是让学生具备电子产品造型的设计能力、制作能力。主要学习使用 Pro/E 其进行电子产品造型的设计，使学生具备 Pro/E 软件的设计能力，为造型制作打下基础。

1.2　设计思路

本课程的总体设计思路是：打破以知识传授为主要特征的传统学科课程模式，转变为以工作任务为中心组织课程内容，并让学生在完成具体项目的过程中学会完成相应工作任务，并构建相关基础知识，发展职业能力。课程内容突出对学生职业能力的训练，授课知识的选取紧紧围绕工作任务完成的需要，同时又充分考虑了高等职业教育对理论知识学习的需要，并融合了相关职业资格证书对知识、技能和态度的要求。项目设计以职业成长规律及认识规律为线索。教学过程中，要通过校企合作，校内实训基地建设等多种途径，采取工学结合、半工半读等形式，充分开发学习资源，给学生提供丰富的实践机会。教学效果评价采取过程评价与结果评价相结合的方式，重点评价学生的职业能力。

本课程的参考学时为 64 学时。

2. 课程目标

通过本课程的学习，使学生能使用 Pro/E 进行玩具造型的初步设计，掌握基本的设计及制作技术，逐步养成严谨、务实的工作态度。

通过本课程的学习，使学生达到以下职业能力：Pre/E 的基本操作能力，造型设计的能力，造型制作的能力，查阅图书资料、产品手册和各种工具书的能力。

3. 课程内容和要求

项　目	知识内容与要求	技能内容与要求	活动设计（举例）	参考学时
项目一　手机外壳的设计	掌握基本的实体、曲面的操作	能进行基础的功能操作	1. 拉伸 2. 旋转 3. 曲面	20
项目二　手机主板的设计	掌握拔模、抽壳的操作	能进行实体的拔模及抽壳	1. 拔模 2. 抽壳	20
项目三　手机显示器的设计	掌握混成的操作	能进行实体的不规则混成	1. 平行混成 2. 拉伸混成	12
项目四　手机的装配及工程图的制作	掌握零件装配及工程图的制作	能进行组装，实体与工程图的转换	1. 装配 2. 俯视图 3. 剖面图	12

4. 实施建议

4.1 教材编写

编写基于工作过程的项目导向,教、学、做一体化的校本教材,才能将课程标准中的课程内容落到实处。校本教材最好是讲稿类型,目的是使课程内容中的项目能与时俱进,及时反映新技术、新工艺。

4.2 教学建议

本课程最好选用项目教学法、边学边做教学法、讨论教学法、启发式教学法等。

4.3 教学评价

学生学习成绩由以下五项组成:

手机外壳的设计 (20 分)

手机主板的设计 (20 分)

手机显示器的设计 (20 分)

手机的装配及工程图的制作 (20 分)

实物制作 (20 分)

4.4 课程资源的开发与利用

充分开发或利用相关教辅材料、实训指导手册、网络资源、仿真软件等课程资源,给学生提供丰富的实践机会,使项目教学落到实处。

5. 其他说明

本课程标准中的教学项目是可以改变的,但新的教学项目组合应涵盖本课程对学生的知识要求与能力要求。

《RFID 技术》课程标准

【课程名称】

RFID 技术

【适用专业】

应用电子技术、电子信息工程技术

1. 前言

1.1　课程性质

本课程是应用电子技术及电子信息工程技术专业核心课程，其目标是使学生掌握各种通信终端设备的原理以及应用，掌握简单通信设备的设计方法，并具备通信系统设计开发、设计等专业知识。本课程以《通信原理》、《模拟电路分析与制作》、《数字电路分析与制作》等课程的学习为基础。

1.2　设计思路

本课程的总体设计思路是：打破以知识传授为主要特征的传统学科课程模式，转变为以工作任务为中心组织课程内容，并让学生在完成具体项目的过程中学会完成相应工作任务，并构建相关理论知识，发展职业能力。课程内容突出对学生职业能力的训练，理论知识的选取紧紧围绕工作任务完成的需要，同时又充分考虑了高等职业教育对理论知识学习的需要，并融合了相关职业资格证书对知识、技能和态度的要求。项目设计以职业成长规律及认识规律为线索。教学过程中，要通过校企合作，校内实训基地建设等多种途径，采取工学结合、半工半读等形式，充分开发学习资源，给学生提供丰富的实践机会。教学效果评价采取过程评价与结果评价相结合的方式，通过理论与实践相结合，重点评价学生的职业能力。

本课程的参考学时为 56 学时。

2. 课程目标

通过本课程的学习，使学生能分析音响系统的组建方法，掌握常用的 RFID 系统的设计和使用方法，逐步养成严谨、务实的工作态度。

通过本课程的学习，使学生达到以下职业能力：掌握无线电射频系统的基本知识，学习 RFID 系统的工作原理与使用方法，学习数据校验和防碰撞算法，使用常见类型的 RFID 系统。

3. 课程内容和要求

项　目	知识内容与要求	技能内容与要求	活动设计（举例）	参考学时
项目一　无线电技术基础	掌握天线与电磁辐射的原理，以及电磁耦合原理	能根据不同的电磁环境设计不同的天线，计算电磁耦合	1. 计算电磁场强 2. 设计天线 3. 计算电磁耦合关系	10
项目二　RFID 的工作原理	掌握 RFID 的系统组成，以及 RFID 的软件和硬件	能使用电感耦合 RFID 系统/电磁反向散射 RFID 系统	1. RFID 的接口电路设计 2. 应答器芯片设计 3. 阅读器芯片设计	18

续上表

项　　目	知识内容与要求	技能内容与要求	活动设计(举例)	参考学时
项目三　数据校验和防碰撞算法	掌握常见的差错检验方法和防碰撞算法	能设计常见的差错检验编码，掌握防碰撞的ALOHA算法，以及二进制树型搜索算法	1. ALOHA算法的编程实现 2. 差错编码的编程实现	10
项目四　RFID应用系统	掌握RFID技术在仓储物流领域以及安全防伪领域中的应用	能根据具体场合设计不同的RFID应用系统	1. 915MHz RFID系统的使用 2. 125kHz RFID系统的应用	18

4. 实施建议

4.1　教材编写

编写基于工作过程的项目导向，教、学、做一体化的校本教材，才能将课程标准中的课程内容落到实处。校本教材最好是讲稿类型，目的是使课程内容中的项目能与时俱进，及时反映新技术、新工艺。

4.2　教学建议

本课程最好选择适合当地经济发展及学校实训条件的项目。选用项目教学法、边学边做教学法、讨论教学法、启发式教学法等。

4.3　教学评价

学生学习成绩由以下五项组成：

无线电技术基础　　　　(15分)

RFID的工作原理　　　　(30分)

数据校验和防碰撞算法　(15分)

RFID应用系统　　　　　(20分)

答辩　　　　　　　　　(20分)

4.4　课程资源的开发与利用

充分开发或利用相关教辅材料、实训指导手册、网络资源、仿真软件等课程资源，给学生提供丰富的实践机会，使项目教学落到实处。

5. 其他说明

本课程标准中的教学项目是可以改变的，但新的教学项目组合应涵盖本课程对学生的知识要求与能力要求。

《单片机 C 语言》课程标准

【课程名称】

单片机 C 语言

【适用专业】

应用电子技术、电子信息工程技术

1. 前言

1.1 课程性质

本课程是应用电子技术及电子信息工程技术专业核心课程，它以《电工基础》、《数字电路》、《模拟电路》等课程的学习为基础，目的是让学生掌握 C 语言的基础知识以及 C 语言在单片机编程方面的使用，具备基于 Keil V2 使用 C 语言对单片机的内部资源和 LCD、行列式键盘等进行编程设计的能力。

1.2 设计思路

本课程的总体设计思路是：打破以知识传授为主要特征的传统学科课程模式，转变为以工作任务为中心组织课程内容，并让学生在完成具体项目的过程中学会完成相应工作任务，并构建相关理论知识，发展职业能力。课程内容突出对学生职业能力的训练，理论知识的选取紧紧围绕工作任务完成的需要，同时又充分考虑了高等职业教育对理论知识学习的需要，并融合了相关职业资格证书对知识、技能和态度的要求。项目设计以职业成长规律及认识规律为线索。教学过程中，要通过校企合作，校内实训基地建设等多种途径，采取工学结合、半工半读等形式，充分开发学习资源，给学生提供丰富的实践机会。教学效果评价采取过程评价与结果评价相结合的方式，通过理论与实践相结合，重点评价学生的职业能力。

本课程的参考学时为 64 学时，综合实训为 1 周。

2. 课程目标

通过本课程的学习，使学生能掌握 C 语言的基本程序结构，熟练使用 Keil 对单片机内部资源进行编程，逐步养成严谨、务实的工作态度。

3. 课程内容和要求

项　目	知识内容与要求	技能内容与要求	参考学时
项目一　LED 点阵屏的使用	掌握 Keil IDE 环境的使用，以及 C 语言程序的构成和基本程序结构	熟练使用 Keil 进行程序的编写和调试	20
项目二　LCD 显示器的使用	掌握 LCD 的原理和单片机 I/O 接口的原理	1. 读懂元件文档 2. 掌握单片机 I/O 接口的使用	18
项目三　数字时钟的制作	掌握单片机定时器和中断系统的使用，以及行列式键盘的使用	掌握 LED 屏闪烁等故障的检修	18
项目四　LED 点阵屏的灵活使用	掌握单片机串行口的使用	掌握 LED 点阵屏不亮等故障的检修	8

4. 实施建议

4.1 教材编写

编写基于工作过程的项目导向,教、学、做一体化的校本教材,才能将课程标准中的课程内容落到实处。校本教材最好是讲稿类型,目的是使课程内容中的项目能与时俱进,及时反映新技术、新工艺。

4.2 教学建议

本课程最好选择适合当地经济发展及学校实训条件的项目。选用项目教学法、边学边做教学法、讨论教学法、启发式教学法等。

4.3 教学评价

学生学习成绩由以下四项组成:

LED 点阵屏的使用　　(20 分)

LCD 显示器的使用　　(30 分)

数字时钟的制作　　(30 分)

LED 点阵屏的灵活使用　　(20 分)

4.4 课程资源的开发与利用

充分开发或利用相关教辅材料、实训指导手册、网络资源、仿真软件等课程资源,给学生提供丰富的实践机会,使项目教学落到实处。

5. 其他说明

本课程标准中的教学项目是可以改变的,但新的教学项目组合应涵盖本课程对学生的知识要求与能力要求。

《单片机应用》课程标准

【课程名称】

单片机应用

【适用专业】

应用电子技术、电子信息工程技术

1. 前言

1.1　课程性质

本课程是一门注重技术应用的专业核心课程，也是应用电子技术专业的一门重要课程。本课程采用模块化“任务导向”式的教学方法，实现“工学交替”的理念。通过本课程的学习，使学生理解和掌握单片机技术方面的基本理论和基本知识。通过本课程的“项目导向”的产品设计项目的技能训练，使学生掌握单片机的应用与调试，毕业后能胜任电子信息类企业产品开发和调试等技术岗位的工作。

本课程以培养“电子产品设计员”为目标，以“单片机硬件电路设计与测试”和“单片机软件设计与调试”为领域，并分解成5项任务对学生进行技能训练。采用行动导向的教学模式，整个教学过程由“课堂教学”、“课外实训”、“技能竞赛”和“企业实践”4个环节构成。课堂教学和课内实训是以“4路抢答器的硬、软件设计”作为范例进行教学；课外实训安排两周，通过“数控恒流源”和“交通信号灯模型”等项目设计对学生进行技能训练；每年组织学生参加全国或省“电子设计大赛”；在最后一个学期安排学生到企业顶岗实习。本专业的核心课程，其前、后续课程的安排如下：

先修课程：《电气安装规划与实施》、《电路分析与实践基础》、《电子产品制图与制板》（基础）。

后续课程：《电子产品设计和制作》、《嵌入式系统实践》、《现代通信技术》（拓展）。

1.2　设计思路

1）课程总的设计思想

（1）实施校企共建，紧贴实际工作岗位

本课程开发的首要目标是通过与相关行业企业共同分析，确定岗位职业能力和工作过程，使课程学习领域的设计紧贴工作岗位的需求。通过以下形式与企业建立密切合作：

①实地走访从事单片机产品研发和生产的电子行业企业，进行岗位职业能力与工作过程调查；

②与企业单片机产品研发和生产一线人员共商人才培养方案，建立贴近和满足实际需求的能力训练体系；

③通过对从事单片机产品开发和生产管理的毕业生进行回访交流，认真听取毕业生对本课程建设的反馈意见，积极总结本课程设计和课程体系建设中存在的问题，对实践教学的设计进行修正。

（2）依据实际工作岗位确定学习领域

本课程旨在培养单片机系统硬件电路和程序设计，以及相关电子信息、自动控制行业的技术应用工程师、技术支持工程师，以及生产和质量管理技术员。本课程重点培养学生应用单片机技术进行小型电子产品，如家电产品和电子玩具的软硬件设计和制作能力，注重学生开发经验的积累，并将培养学生的创新意识融入教学过程。

依据单片机系统的开发过程和岗位，本课程划分为单片机系统硬件电路设计与调试和单片机程序设计与调试两个部分，并在综合应用训练阶段将二者融为一体。通过本课程的学习，使学生掌握单片机硬件设计和程序设计的相关知识，单片机系统的组成和开发方法，以及单片机系统调试测试与维护技术，并在学习实践的基础上，了解基于单片机控制的电子产品生产工艺和生产管理方法。学习领域的确定思想如下：

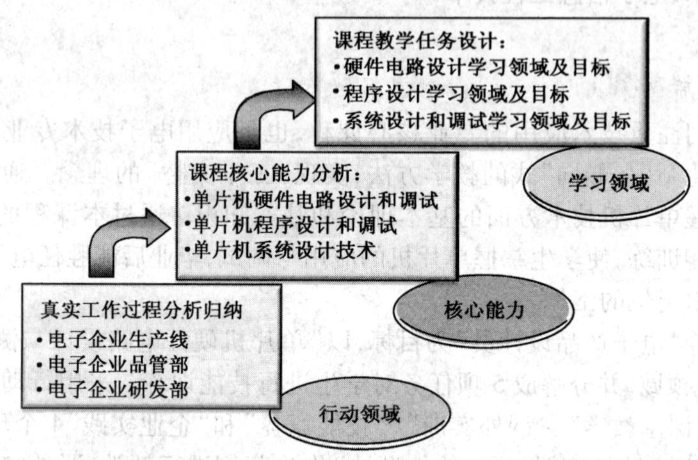

(3)体现学以致用的教学理念

本课程的教学理念是："密切联系就业岗位，以培养学生应用单片机进行电子产品开发和调试的职业能力为目标，实行工学结合、学做合一的教学方式"。综合分析各岗位职业能力和职业素质要求，按照"学以致用、重在实用、边学边做"的原则，确定课程的教学目标和教学大纲，设计学习领域和学习情境，充分体现职业性、开放性和实践性的要求。面向职业岗位的课程开发流程如下：

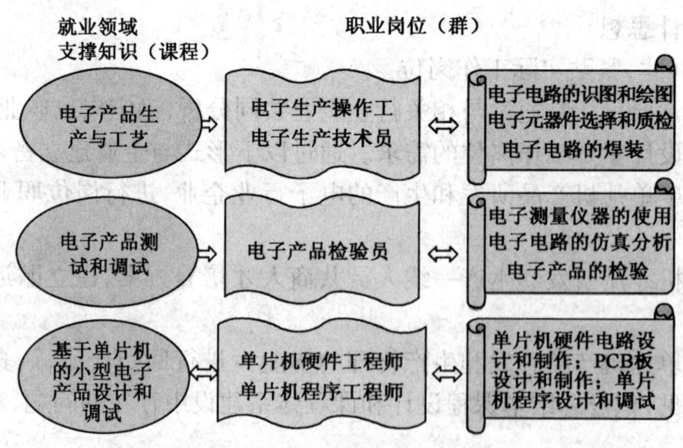

2)课程学时

本课程的参考学时为72学时。

每个学习情境都从控制要求开始，通过实例演示，明确任务目标；通过讲解和分析，明确设计思路；通过边学边做，明确设计和调试方法；通过演示和答辩，明确不足并改进提高。围绕能力训练实施基于任务驱动的实践性教学。教学内容和对应的学时分配见下表。

(1)硬件电路设计和调试教学内容(参考学时为28学时)

学习领域	学习情境	学习任务与要求	参考学时
1.单片机最小系统硬件电路的设计与测试	1.MCS51单片机硬件结构简介 2.单片机最小系统设计方法 3.I/O接口扩展设计方法 4.电路搭建与测试	8路简易抢答器设计与测试	8
2.单片机与数码管显示器接口的设计与测试	1.数码管显示器静态接口设计 2.数码管显示器动态接口设计 3.段码与位码的输出电路 4.并行显示接口设计与电路搭建 5.串行显示接口设计与电路搭建 6.数码管显示接口电路测试	能显示倒计时时间的8路简易抢答器设计	12
3.单片机与A/D、D/A接口设计与测试	1.DAC0832与单片机接口电路设计 2.DAC0832与单片机接口电路搭建与测试 3.ADC0809与单片机接口电路设计 4.ADC0809与单片机接口电路搭建与测试	能够实现变速控制的玩具电控车设计	8
合计			28

(2)程序设计和调试教学内容(参考学时为44学时)

序号	教学内容	参考学时
1	指令系统讲解	6
2	定时器的工作原理及应用实例	8
3	中断功能的工作原理及应用实例	8
4	数码管动态显示接口程序及应用	10
5	串行通信接口设计及调试	8
6	程序总体设计和调试方法	4
合计		44

2.课程目标

本课程要求学生了解单片机选型方法，目前的应用领域和今后的发展方向；掌握MCS51单片机的硬件结构；熟练掌握单片机最小系统硬件电路的设计与测试方法；熟练掌握单片机定时与中断功能的应用和调试方法；熟练掌握单片机与数码管显示器、A/D、D/A的硬件接口设计与测试方法；了解单片机系统的开发步骤以及仿真器、编程器的使用方法；掌握单片机串行通信接口设计与测试方法；掌握传感器与单片机系统的接口设计方法。

3. 课程内容和要求

序号	学习情境	教学单元		学时分配
1	单片机最小系统硬件电路的设计与测试	案例	2 路简易抢答器设计与测试	16
		实施	MCS51 单片机硬件结构简介 单片机最小系统设计方法 I/O 接口扩展设计方法 电路搭建与测试 仿真器、编程器使用方法	
		任务	8 路简易抢答器设计与测试	
2	单片机定时与中断功能的应用和调试	案例	含有倒计时功能的 2 路简易抢答器设计	12
		实施	单片机定时器简介 单片机中断功能简介 单片机定时中断功能的实现方法 单片机外部中断功能简介 单片机外部中断功能的实现方法 与门电路与蜂鸣器的接口方法	
		任务	倒计时时间可调的 8 路简易抢答器设计	
3	单片机与数码管显示器接口的设计与测试	案例	带显示组别功能的 2 路简易抢答器设计	16
		实施	数码管显示器结构 单片机与数码管显示器静态接口设计 单片机与数码管显示器动态接口设计 段码与位码的输出电路 并行显示接口设计与电路搭建 串行显示接口设计与电路搭建 数码管显示接口电路测试	
		任务	能显示倒计时时间的 8 路简易抢答器设计	
4	单片机与 A/D、D/A 接口设计与测试	案例	简单温控系统设计与测试	16
		实施	DAC0832D/A 转换器功能与接口电路简介 DAC0832 与单片机接口电路设计 DAC0832 与单片机接口电路搭建与测试 ADC0809A/D 转换器功能与接口电路简介 ADC0809 与单片机接口电路设计 ADC0809 与单片机接口电路搭建与测试 传感器功能、接口标准及信号放大电路 温度传感器与 ADC0809 接口设计与调试	
		任务	能够实现变速控制的简单温控系统设计	
5	单片机串行通信接口设计与测试	案例	简易抢答器倒计时串行通信设计	12
		实施	串行通信接口与协议简介 MCS51 单片机串行通信接口电路设计 RS232 接口标准简介 MAX232 电平转换电路简介 MAX232 与单片机接口电路设计	
		任务	简易抢答器记分值串行通信设计	
		合计		72

4. 实施建议

4.1　教材编写

本课程着力培养电子产品设计员岗位职业能力，体现高职教育的职业性、实践性、开放性，编写工学结合特色的校本教材，内容设计打破传统学科体系教材结构，以学习情境为主线，以培养职业能力为目标，理论和实践完全融合。

4.2　教学建议

针对不同教学对象、不同内容、不同阶段，可按照基于工作过程的“1-4-3-4”课程模式，采用因材施教灵活多样的教学方法，在单片机基础部分重点采用演示讲解教学法、问题导向教学法、案例教学法，在单片机基本应用部分重点采用示范教学法、任务教学法，在单片机综合实训阶段重点采用项目驱动教学法、情境还原教学法。对于部分优秀创新人才，依托“创新实验室”，重点采用项目拓展教学法和激励教学法。多种教学方法的运用如下：

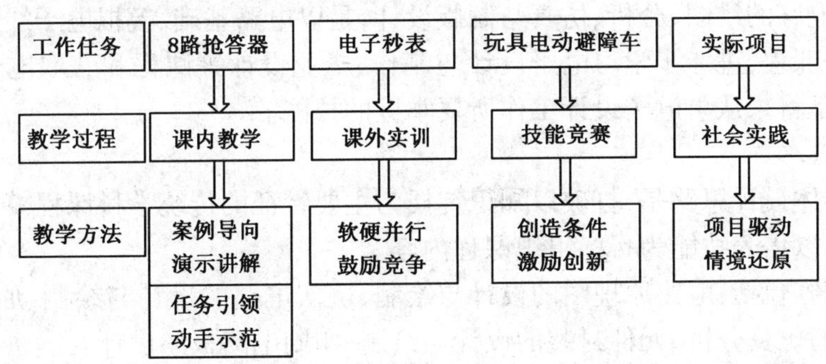

4.3　教学评价

学生学习成绩由以下六项组成：

8 路抢答器　　　　(20 分)

电子秒表　　　　　(20 分)

玩具电动避障车　　(20 分)

设计报告　　　　　(20 分)

答辩　　　　　　　(20 分)

附加分　　　　　　(10 分，社会实践项目)

4.4　课程资源的开发与利用

(1)经过多年的课程建设，本课程积累了大量学习素材，并将这些教学资源全部制作处理并上网，方便教师和学生使用。具体包括：单片机快速开发专业能力职业标准、单片机应用技术在线自测系统、单片机认证考试相关的信息资源和辅导材料、单片机作品硬件电路范例、单片机作品程序范例、作品演示视频汇编、单片机技术网络教学平台等。

(2)依托“创新实验室”，将单片机技术应用由课内延伸至课外，成立“电子技术研究协会”。在实际锻炼学生动手能力的基础上，由电子协会的学生自主开发完成了“电子协会”网站(http://dx.fmdiy.com)，内容包括学法指导、制作小窍门、作品实例等，从学生自学和交流的角度，更加方便学生与学生、学生与教师之间的技术交流。该网站开通 4 年来，收到来自国内许多电子爱好者的关注，反映良好。

5. 其他说明

本课程标准中的教学项目是可以改变的，但新的教学项目组合应涵盖本课程对学生的知识要求与能力要求。

《电子 CAD 与仿真》课程标准

【课程名称】

电子 CAD 与仿真

【适用专业】

应用电子技术、电子信息工程技术、玩具设计与制造

1. 前言

1.1 课程性质

本课程是一门专业基础技能性课程，其目标是让学生掌握电路的计算机辅助设计软件的使用，完成电子电路的绘图、分析、仿真与制版设计；是以电路基础、模拟电子线路、数字电子线路等课程为先修课程，进一步学习电子设计与制作、毕业设计等课程和获取电子 CAD 绘图员考证所必需，也是将来从事电子设计工作所要掌握的技能。

1.2 设计思路

本课程的总体设计思路是，打破以知识传授为主要特征的传统学科课程模式，转变为以工作任务为中心和以培养技能为目标组织课程内容。

课程主要内容包括：电路原理图的设计与绘制、层次电路的设计与绘制、原理图元件的设计与绘制、电路的仿真分析、元件封装的设计与绘制、印刷电路板的设计。

通过课堂范例的演示、学生上机实例操练、课堂实时问题解答、教学视频选放及网络辅助等多种教学方法，生动活泼地完成教学内容，达到教学目的。并通过上机测验与机试的课程考核，以及电子 CAD 绘图员考证评价学生掌握课程知识与技能的程度。

本课程的参考学时（包括理论与实操）为 72 学时。

2. 课程目标

通过本课程的教学，使学生能用计算机专业软件完成专业设计工作，提高学生使用与应用计算机这一现代化工具的能力，培养学生严谨的工作作风。

从专业的角度，使学生具备使用电路 CAD 软件绘制电路原理图的绘图能力，分析设计电路的能力和制版布线的能力，达到电子 CAD 绘图设计员的水平。

3. 课程内容和要求

根据专业课程目标和涵盖的工作任务要求，确定课程内容和要求如下：

项　目	知识内容与要求	技能内容与要求	活动设计（举例）	参考学时
项目一　电路原理图的绘制	掌握电路原理图绘制的一般步骤和方法，能用 Protel 99se 电路 CAD 绘制基本的电子电路图	掌握 Protel 99se 电路 CAD 绘制基本电子电路图的方法和技巧	1. 绘制一整流滤波稳压电路 2. 绘制一音响功率放大电路	16
项目二　原理图元件符号的绘制	掌握电路原理图元件符号绘制的一般步骤和方法，能用 Protel 99se 电路 CAD 绘制元件符号	掌握 Protel 99se 电路 CAD 绘制元件符号的方法和技巧	1. 绘制运算放大器元件符号 2. 绘制 LED 数码显示元件	4

续上表

项　　目	知识内容与要求	技能内容与要求	活动设计(举例)	参考学时
项目三　层次电路图的绘制	掌握电路的层次原理图绘制一般步骤和方法,能用Protel 99se电路CAD来绘制较复杂的电子电路层次电路图	掌握Protel 99se电路CAD绘制层次电子电路图的方法和技巧	1.四位一bit加法器电路的绘制 2.计算机监控系统电路的绘制	4
项目四　印刷电路板的绘制与设计	掌握印刷电路板的绘制与设计的一般的步骤和方法,要求能用Protel 99se电路CAD来进行印刷电路板的绘制与设计	掌握Protel 99se电路CAD绘制与设计印刷电路板的方法和技巧	1.单片机系统电路的印刷电路板的绘制与设计 2.整流滤波可调稳压电路的印刷电路板的绘制与设计	16
项目五　电路的分析与仿真	掌握电路分析与仿真一般的步骤和方法,要求能用Protel 99se电路CAD进行电路的分析与仿真	掌握Protel 99se电路CAD一般电路进行电路的分析与仿真的方法和技巧	1.晶体管放大电路的分析与仿真 2.LC电路的分析与仿真	16
项目六　掌握Protel 99se升级版Protel DXP的使用特点	掌握Protel DXP项目管理上、人机界面上及库资源上与Protel 99se的不同	掌握Protel DXP项目管理上、人机界面上及库资源上的使用方法和技巧	1.整流滤波稳压电路的原理图绘制、分析仿真与制版 2.计算机监控系统电路的原理图绘制与制版	16

4.实施建议

4.1　教材编写

依据本课程标准选用或编写充分体现项目课程设计思想和项目为载体实施教学的适合教材,使学生在完成项目的过程中逐步提高使用CAD软件进行电子设计的职业能力。

4.2　教学建议

通过课堂范例的演示、学生上机实例操练、课堂实时问题解答、教学视频选放,以及网络辅助等多种教学方法,生动活泼地完成教学内容,达到教学目的。

4.3　教学评价

教学评价:课堂提问占5%,上机练习占15%,期中测验占20%,期末考试占60%。

4.4　课程资源的开发与利用

汇编电子CAD练习册,提供电子CAD学习网站信息。

《电路分析与安全用电》课程标准

【课程名称】

电路分析与安全用电

【适用专业】

应用电子技术、电子信息工程技术、玩具设计与制造

课程类别	专业学习领域	开课部门	电子系
总学时	60	学分	3.5
授课方式:讲授30学时,教、学、做一体化			
面向专业	电子、信息、玩具	开设学期	1

1. 学习领域定位

本学习领域是高职电子类专业的一门核心课程。通过本领域的学习,使学生熟练掌握电路的基本理论和电子行业从业的基本技能。

本学习领域先修学习领域有《Auto CAD》;后续学习领域有《电子电路分析与设计》、《电子产品制图与制版》及《电子生产工艺设计与管理》等。

2. 学习目标

通过本领域的学习,使学生掌握线性电路(电阻电路、正弦交流电路和动态电路)的基本构成原理与分析方法;掌握安全生产的操作规程和常用电子仪器、仪表、工具的使用方法,能够识别、测量和选用合适的元器件;具备手工焊接与拆焊能力,能够组装、调试小型电子产品,为将来从事电子行业的相关工作做好准备。具体目标依职业能力分三个方面:

2.1 专业能力

(1)掌握电路构成的基本原理,具备电路的基本分析能力;

(2)掌握常用电子元器件识别与测量的方法,具备常用电子元器件的识读、选用和检测能力;

(3)能够熟练利用仪器、仪表测量电信号;

(4)掌握手工焊接与拆焊等电子从业基本技能,能够手工装配和调试小型电子产品,电子装配和调试能力达到电子设备装接工(中级)、无线电调试工(中级)水平。

2.2 方法能力

(1)具备线性电路的基本分析能力;

(2)具备小型电子产品装配、调试的工作过程性知识;

(3)能够理论联系实际,具备自主学习能力;

(4)具备小型电子产品装配计划能力;

(5)具备信息收集、分析和处理能力。

2.3 社会能力

(1)具备细致严谨的工作作风;

(2)具备安全用电意识,熟知安全操作规范;

(3)具备良好的沟通和协作能力。

3. 学习内容

本学习领域由线性电路分析、数字万用表装配、七管收音机的组装与调试三个学习情境组成。

学习情境		情境描述	学习内容	参考学时
1. 线性电路分析	(1)触电急救	了解安全用电的基本知识，并能对他人进行触电急救	1. 安全用电与触电急救 2. 电气安全与电路的接地	4
	(2)线形电路中基尔霍夫定律的验证与实现	通过验证基尔霍夫定律，使学生掌握直流电路的基本定律，直流电路的典型分析方法，能够读懂一般电子产品的电路原理图	1. 电路组成与欧姆定律 2. 电路的串联、并联与计算 3. 基尔霍夫定律 4. 电路分析的方程法 5. 叠加定理 6. 戴维宁定理	14
	(3)家用照明电路的检测	正确选择、使用常用的电工测量仪表对交直流电路进行必要的电工测量，熟悉正弦交流电路和三相交流电路的分析方法	1. 万用表的原理与使用 2. 纯电阻元件、电容元件、电感元件的电压、电流、功率关系 3. 三相电路的电压、电流、功率关系	6
2. DT-832 数字万用表的电路板装配、整机装配与检测		熟知一般电子元器件的技术指标，并对其进行测试和质量判定，掌握电子元器件引线的成形方法和组装方法，对万用表及其各部件进行检测	1. 掌握电阻、电容、电感的直读方法和利用仪表测试参数的方法 2. 掌握二极管、三极管的直读方法和利用仪表测试参数的方法 3. 掌握集成电路的直读方法和测量方法 4. 电子元器件引线的成形方法 5. 人工插件与焊接 6. 焊料要求与选择 7. 螺纹连接及工具	20
3. HX-108 七管收音机的组装与调试		利用装配工具和设备将七管收音机套件组装成收音机，对组装好的收音机进行调试	1. 示波器、函数信号发生器的使用方法 2. 七管收音机的静态调试、动态调试 3. 七管收音机的整机调试	16

4. 学习领域课程设计思路

4.1　设计理念

本课程本着以专业能力培养为主线，兼顾社会能力、方法能力培养的设计理念，侧重于学生从业基本技能培养，直接为电子行业企业培养掌握一般电路分析方法和安全生产操作规程，能够识别、测量和选用合适元器件进行组装、调试小型电子产品的高技能人才。

4.2　内容组织

通过整合、重组，以实际使用的产品为载体，构建任务型学习情境，按照线性电路分析、万用表装配、收音机装配与调试由易到难、局部到整体的认知规律排列任务顺序，以学生为主体，采用四步教学法进行教学做一体化教学，培养学生从事电子行业相关工作的基本技能。详细内容组织如下：

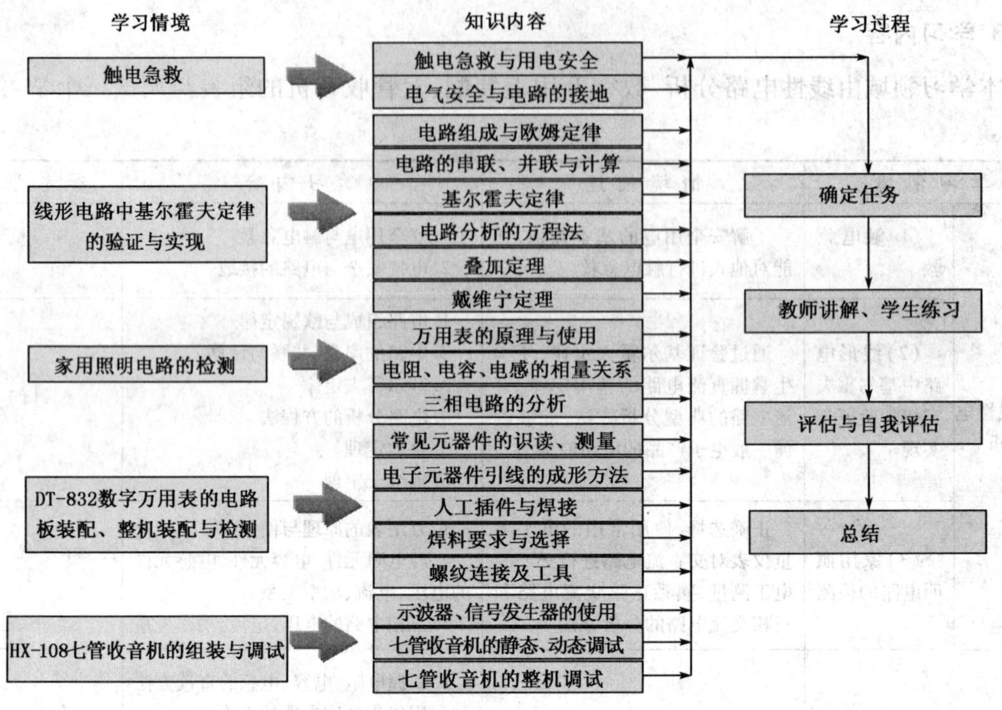

4.3 教学设计

针对每个任务,采用任务书的形式,通过该任务的效果图或视频导入,提出任务目标。学生做出任务计划并实施,完成后进行评估和检查。学生在制订工作计划前,教师对完成任务所用到的知识和技能做出必要的讲解,引导学生主动观察、思考,再通过知识讲解、技能训练,最后完成任务。

4.4 学习情境设计说明

<table>
<tr><td colspan="2">学习情境 1:线性电路分析</td><td>参考学时:14</td></tr>
<tr><td colspan="3">学习目标</td></tr>
<tr><td colspan="3">1. 掌握电路构成的基本原理,能看懂电子产品的原理图
2. 掌握电路的基本分析方法,能够分析一般电子产品电路
3. 能分析各种线性、非线性电路
4. 掌握安全生产的操作规程,能够进行安全生产
5. 能正确选择、使用常用的电工测量仪表对交直流电路进行必要的电工测量</td></tr>
<tr><td colspan="2">主要学习内容</td><td rowspan="2">建议教学方法</td></tr>
<tr><td>任务名称</td><td>任务内容</td></tr>
<tr><td>1. 触电急救</td><td>1. 安全用电与触电急救
2. 电气安全与电路的接地</td><td>多媒体演示;实验室见习、实习;任务教学(四步法)</td></tr>
<tr><td>2. 线形电路中基尔霍夫定律的验证与实现</td><td>1. 电路组成与欧姆定律
2. 电路的串联、并联与计算
3. 基尔霍夫定律
4. 支路电流法
5. 节点电压法
6. 网孔电流法
7. 叠加定理
8. 戴维宁定理</td><td>多媒体演示;实验室实习;示例教学;任务教学(四步法)</td></tr>
</table>

续上表

主要学习内容		建议教学方法
任务名称	任务内容	
3. 家用照明电路的检测	1. 万用表的原理与使用 2. 纯电阻元件、电容元件、电感元件的电压、电流、功率关系 3. 三相电路的电压、电流、功率关系	多媒体演示;实物展示;示例教学;任务教学(四步法)

学习情境2:数字万用表装配		参考学时:20
学习目标		
1. 能够识别、测量常见的电阻元件、电容元件、电感元件 2. 能够识别二极管、三极管和线性集成电路,并利用仪器、仪表测量其参数 3. 会利用整形工艺工具设备对元器件整形加工 4. 能够熟练使用装配工具与设备,对电子产品套件进行组装 5. 能够按照既定标准对元器件的加工质量和电路板的装配质量进行检验和判定 6. 能够按照既定标准对电子产品的组装质量进行检验		
主要学习内容		建议教学方法
任务名称	任务内容	
DT-832 数字万用表的电路板装配、整机装配与检测	1. 掌握电阻、电容、电感的直读方法和利用仪表测试参数的方法 2. 掌握二极管、三极管的直读方法和利用仪表测试参数的方法 3. 掌握集成电路的直读方法和测量方法 4. 电子元器件引线的成形方法 5. 人工插件与焊接 6. 焊料要求与选择 7. 螺纹连接及工具	多媒体演示;示例教学;实物展示;任务教学(四步法)

学习情境3:七管收音机的组装与调试		参考学时:16
学习目标		
1. 能够识别、测量常见的电阻元件、电容元件、电感元件 2. 能够识别二极管、三极管和线性集成电路,并利用仪器、仪表测量其参数 3. 会利用整形工艺工具设备对元器件整形加工 4. 能够熟练使用装配工具与设备,对电子产品套件进行组装 5. 能够对小型电子产品进行功能调试		
主要学习内容		建议教学方法
任务名称	任务内容	
HX-108 七管收音机的组装与调试	1. 示波器、函数信号发生器的使用方法 2. 七管收音机的静态调试、动态调试 3. 七管收音机的整机调试	多媒体演示;实物展示;示例教学;任务教学(四步法)

5. 考核方式

学生成绩的评定，由学生平时表现和任务完成情况及最终考核情况核定，采用累计计分制。评分细则如下表：

计分项目		分值
平时成绩	出勤、纪律	5
	触电急救与安全用电	5
	基尔霍夫定律的验证与实现	10
	家用照明电路的检测	10
	数字万用表的电路板装配、整机装配与检测	20
	HX-108 七管收音机的组装与调试	20
最终考核成绩	组装电子产品的性能测试	30

其中，平时成绩包括平时上课的表现和各任务的完成情况，占总成绩的 70%；最终考核成绩所采取的考核方式为通过抽签选择考核题目，占总成绩的 30%。考核题目为上述学习情境之一，其中理论考试（笔试）占 50%，实操考试占 50%，根据考核题目任务完成情况给出成绩。

《电子测量仪器与产品检验》课程标准

【课程名称】

电子测量仪器与产品检验

【适用专业】

应用电子技术

1. 前言

1.1　课程性质

本课程是无线电技术专业必修的一门技术基础课。其目标是使学生理解电子测量的基本概念、基本方法以及常用电子仪器的基本工作原理,为日后从事整机装配、调试、检测和维护工作打下基础。

1.2　课程的基本要求

了解万用电表、电子电压表的结构,掌握它们的工作原理、使用方法。

了解稳压电源、信号发生器的组成,掌握它们的工作原理、使用方法。

了解电子示波器、Q 表、数字式频率计、晶体管特性测试仪的组成,理解它们的工作原理,掌握它们的使用方法。

使学生能独立完成规定的实验,接受基本的实验技能训练。

2. 课程内容

(1)万用电表

万用电表的基本结构;

万用电表的工作原理:电流的测量原理,电压的测量原理,电阻的测量原理;

500 型万用电表的测量电路原理分析;

万用电表常见故障分析;

(2)电子电压表

电子电压表的类型、特点;

DA—16 型晶体管毫伏表的结构、工作原理、使用;

(3)稳压电源

稳压原理;

直流稳压电源的结构、工作原理、使用方法;

交流稳压电源的结构、工作原理、使用方法。

(4)信号发生器

信号发生器的分类、特点;

低频信号发生器的组成、工作原理、使用方法;

立体声调频调幅信号发生器的组成、工作原理、使用方法。

(5)电子示波器

电子示波器的分类、特点;

电子示波管的组成、波形显示原理;

示波器的组成、工作原理、使用方法。

(6)元件参数测量仪

元件参数的测量方法:电压－电流法,电桥法,谐振法;

Q 表的组成、工作原理、使用方法。

(7)数字式频率计

数字式频率计的结构、分类;

数字式频率计各组成电路的工作原理、使用方法。

(8)晶体管特性测试仪

晶体管特性测试仪的结构、用途;

晶体管特性测试仪的工作原理:晶体二极管伏安特性曲线的测量,晶体三极管输出特性曲线的测量。

3. 课时分配建议

序　号	课 程 内 容	教 学 时 数			
		合计	讲课	实验	机动
1	万用电表	6	6		
2	电子电压表	4	2	2	
3	稳压电源	4	4		
4	信号发生器	4	2	2	
5	电子示波器	4	2	2	
6	元件参数的测量	6	4	2	
7	数字式频率计	4	2	2	
8	晶体管特性测试仪	4	2	2	
	合计	36	24	12	

4. 课程资源的开发与利用

充分开发或利用相关教辅材料、实训指导手册、网络资源、仿真软件等课程资源,给学生提供丰富的实践机会,使项目教学落到实处。

5. 其他说明

本课程标准中的教学项目是可以改变的,但新的教学项目组合应涵盖本课程对学生的知识要求与能力要求。

《电子产品工艺与管理》课程标准

【课程名称】

电子产品工艺与管理

【适用专业】

应用电子技术

1. 前言

1.1　课程性质

本课程是应用电子技术专业的一门专业基础课程，目标是让学生具备电子产品的制作工艺能力，并初步具备编制及管理电子工艺文件的能力。它要以《物理》、《电路分析与安全用电》等课程的学习为基础，也是进一步学习《电子产品的设计与制作》、《电子设计初级工程师考证》等课程的基础。

1.2　设计思路

本课程的总体设计思路是：打破以知识传授为主要特征的传统学科课程模式，转变为以工作任务为中心组织课程内容，并让学生在完成具体项目的过程中学会完成相应工作任务，并构建相关理论知识，发展职业能力。课程内容突出对学生职业能力的训练，理论知识的选取紧紧围绕工作任务完成的需要，同时又充分考虑了高等职业教育对理论知识学习的需要，并融合了相关职业资格证书对知识、技能和态度的要求。项目设计以职业成长规律及认识规律为线索。教学过程中，要通过校企合作，校内实训基地建设等多种途径，采取工学结合、半工半读等形式，充分开发学习资源，给学生提供丰富的实践机会。教学效果评价采取过程评价与结果评价相结合的方式，通过理论与实践相结合，重点评价学生的职业能力。

本课程的参考学时为68学时。

2. 课程目标

通过本课程的学习，使学生能制作中、小型的电子电路，掌握基本的电子工艺技术，逐步养成严谨、务实的工作态度。

通过本课程的学习，使学生达到以下职业能力：制作中、小型电子电路的能力，具备元器件检测及电路装配、调试的能力，具备查阅图书资料、产品手册和各种工具书的能力，具备编制及管理电子工艺文件的能力。

3. 课程内容和要求

项　　目	知识内容与要求	技能内容与要求	活动设计(举例)	参考学时
项目一　常用工具的使用及拆焊训练	掌握电烙铁等工具的使用方法及元器件的拆焊方法	1. 会使用电烙铁等工具 2. 会拆焊元器件	1. 电烙铁、松香等工具的识别与使用 2. 元器件的拆焊 3. 基本工艺知识归纳	8
项目二　串联型稳压电源的制作	掌握分立元件的类型及检测方法，掌握电路的制作工艺	能成功制作串联型稳压电源	1. 元器件识别与检测 2. 工艺图的绘制 3. 电路装配与调试 4. 元件及电路制作工艺知识归纳	30

续上表

项　目	知识内容与要求	技能内容与要求	活动设计(举例)	参考学时
项目三　公文包远离告警器的制作	掌握集成器件、无线收发模块的类型及检测方法,掌握电路的制作工艺	能成功制作公文包远离告警器	1. 元器件识别与检测 2. 工艺图的绘制 3. 电路装配与调试 4. 元件及电路制作工艺知识归纳	30
项目四*　电子狗的制作*	掌握传感器、语音芯片类型及检测方法,掌握电路的制作工艺	能成功制作电子狗	1. 元器件识别与检测 2. 工艺图的绘制 3. 电路装配与调试 4. 元件及电路制作工艺知识归纳	30

注:*部分可供接收能力强的学生学习,以体现因材施教。

4. 实施建议

4.1　教材编写

编写基于工作过程的项目导向,教、学、做一体化的校本教材,才能将课程标准中的课程内容落到实处。校本教材最好是讲稿类型,目的是使课程内容中的项目能与时俱进,及时反映新技术、新工艺。

4.2　教学建议

本课程最好选择适合当地经济发展及学校实训条件的项目。选用项目教学法、边学边做教学法、讨论教学法、启发式教学法等。

4.3　教学评价

学生学习成绩由以下六项组成:

平时表现　　　　　　(10 分)
工具的使用及拆焊训练　(10 分)
串联型稳压电源的制作　(30 分)
公文包远离告警器的制作　(30 分)
工艺报告　　　　　　(20 分)
附加分　　　　　　　(10 分,电子狗的制作)

4.4　课程资源的开发与利用

充分开发或利用相关教辅材料、实训指导手册、网络资源、仿真软件等课程资源,给学生提供丰富的实践机会,使项目教学落到实处。

5. 其他说明

本课程标准中的教学项目是可以改变的,但新的教学项目组合应涵盖本课程对学生的知识要求与能力要求。

《电子设计初级工程师考证》课程标准

【课程名称】

电子设计初级工程师考证

【适用专业】

应用电子技术、电子信息工程技术

1. 前言

1.1　课程性质

本课程是应用电子技术及电子信息工程技术考证课程。其目标是系统的地让学生进一步学习《电工基础》、《计算机应用基础》、《模拟电子线路》、《数字逻辑电路与实践》、《单片机应用》和《C 语言程序设计》等专业基础课和专业课,顺利通过电子设计初级工程师认证。

1.2　设计思路

本课程的总体设计思路是:根据电子设计初级工程师考证大纲的要求,理论与实操相结合,深入学习相关知识,使学生顺利通过电子设计初级工程师认证,同时构建相关理论知识,发展职业能力。课程内容不仅融合了电子设计初级工程师资格证书对知识、技能和态度的要求,同时充分考虑了高等职业教育对理论知识学习的需要。理论知识的选取紧紧围绕工作任务完成的需要,突出对学生职业能力的训练。项目设计以电子设计初级工程师考证大纲为指导,以职业成长规律及认识规律为线索。教学过程中,不但要复习旧知识,同时还要在复习中学习新知识。理论与实践相结合,充分开发学习资源,给学生提供丰富的实践机会。教学效果评价的重点是让学生通过电子设计初级工程师考证,并以培养学生的职业能力为核心。

本课程的学时理论教学参考学时为 64 学时,实训参考学时为 2 周。

2. 课程目标

本课程目标是让学生顺利通过电子设计初级工程师认证,同时培养学生的职业能力和职业道德。

3. 课程内容和要求

序　　号	知识内容与要求	技能内容与要求	参考学时
项目一　电工基础	1. RLC 元件的特性 2. 基本电路规律	1. 能根据需求选择元件 2. 能分析基本电路	12
项目二　模拟电路	1. 单管放大器 2. 反馈放大电路 3. 运放电路 4. 功率放大电路 5. 信号发生器 6. 电源	1. 能对单管放大电路进行调试 2. 能使用运算放大器设计基本的信号调理电路 3. 能使用三端稳压模块构建简单的稳压电源	24
项目三　数字电路	1. 数制转换 2. 基本门电路 3. 触发器 4. 译码器、编码器	1. 能进行数制的转换 2. 能采用基本 ASIC 进行简单的数字电路设计	8

续上表

序　　号	知识内容与要求	技能内容与要求	参考学时
项目四　计算机基础	1. PC 的组成 2. PC 的分类 3. 程序开发语言的分类和选用 4. 接口的特点与选用	熟悉 PC 的构成，能独立进行 PC 的组装	4
项目五　C 语言编程	1. 基本程序结构的使用 2. 函数的使用 3. 指针的使用	能基于 VC6.0 进行简单的 C 语言程序设计	6
项目六　单片机原理与应用	1. 单片机最小系统的构成 2. 单片机指令系统 3. 单片机相关外设 4. 单片机 C 语言	1. 能对单片机最小系统进行调试 2. 能使用 C 语言进行简单的单片机系统开发	10

4. 实施建议

4.1　教材编写

编写源于学生用过的课本同时基于工作过程的项目导向，教、学、做一体化的校本教材，才能将课程标准中的课程内容落到实处。校本教材最好是讲稿类型，目的是使课程内容中的项目能与时俱进，及时反映新技术、新工艺。

4.2　教学建议

本课程最好选择适合当地经济发展及学校实训条件的项目。选用项目教学法、边学边做教学法、讨论教学法、启发法式教学法等。

4.3　教学评价

学生学习成绩由两部分组成：

(1)参加电子工程师考证的考试成绩；

(2)实训课程成绩。

4.4　课程资源的开发与利用

充分开发或利用相关教辅材料、实训指导手册、网络资源、仿真软件等课程资源，给学生提供丰富的实践机会，使项目教学落到实处。

5. 其他说明

本课程标准中的教学项目是可以改变的，但新的教学项目组合应涵盖本课程对学生的知识要求与能力要求。

《计算机网络》课程标准

【课程名称】

计算机网络

【适用专业】

应用电子技术、电子信息工程技术

1. 前言

1.1 课程性质

本课程是应用电子技术及电子信息工程技术专业核心课程，目标是使学生掌握各种通信终端设备的原理及应用，掌握简单通信设备的方法，并具备通信系统开发、设计等专业知识。它要以《计算机应用基础》、《现代通信技术》、《数字电路分析与制作》等课程的学习为基础，也是进一步学习《移动通信技术》等课程的基础。

1.2 设计思路

本课程的总体设计思路是：打破以知识传授为主要特征的传统学科课程模式，转变为以工作任务为中心组织课程内容，并让学生在完成具体项目的过程中学会完成相应工作任务，并构建相关理论知识，发展职业能力。课程内容突出对学生职业能力的训练，理论知识的选取紧紧围绕工作任务完成的需要，同时又充分考虑了高等职业教育对理论知识学习的需要，并融合了相关职业资格证书对知识、技能和态度的要求。项目设计以职业成长规律及认识规律为线索。教学过程中，要通过校企合作，校内实训基地建设等多种途径，采取工学结合、半工半读等形式，充分开发学习资源，给学生提供丰富的实践机会。教学效果评价采取过程评价与结果评价相结合的方式，通过理论与实践相结合，重点评价学生的职业能力。

本课程的参考学时为60学时。

2. 课程目标

通过本课程的学习，使学生能分析计算机网络的基本模型与组建方法，掌握常见类型的局域网的设计与组建方法，逐步养成严谨、务实的工作态度。

通过本课程的学习，使学生达到以下职业能力：掌握对等网的组建方法，掌握域模式网络的组建方法，熟悉常见网络连接设备的使用与配置，掌握网络操作系统的安装，掌握水晶头的制作等。

3. 课程内容和要求

项　目	知识内容与要求	技能内容与要求	活动设计(举例)	参考学时
项目一　计算机网络通信基础知识	掌握计算机网络的分类与组成，掌握OSI模型与TCP/IP模型的区别与联系	能分析常见网络拓扑的特点，能解释计算机网络分层模型中各层次的作用	1. 总结常见网络拓扑特点 2. OSI网络模型的归纳 3. TCP/IP网络模型的归纳	12
项目二　Windows 2000的安装与水晶头的制作	掌握Windows 2000的安装与设置，掌握常见网络传输介质的使用	能安装Windows 2000，能制作双绞线水晶头	1. Windows 2000的安装与卸载 2. 双绞线水晶头的制作	8

续上表

项　　目	知识内容与要求	技能内容与要求	活动设计(举例)	参考学时
项目三　Windows 2000 对等网的组建	掌握以太网与令牌环网的原理，掌握各层次网络互联设备的使用	能组建对等网，会使用交换机与路由器	1. 总线型以太网的组建 2. 令牌环网的组建 3. 对等网的组建与文件共享的设置	16
项目四　FTP、DHCP 服务的实现与应用	掌握 IP 地址的格式与路由原理，掌握 TCP/IP 协议的管理方法，掌握 DHCP 服务器以及客户机的设置	能设置 FTP 服务器，能设置 DHCP 服务器网络	1. FTP 服务器的设置 2. DHCP 服务器的设置 3. DHCP 客户端的设置	14
项目五　Windows 2000 域模式网络的组建	掌握活动目录的基本知识，建立域模式网络	能建立域控制器，安装和配置 DNS 服务器	1. 建立域控制器 2. 安装配置 DNS 服务器	10

4. 实施建议

4.1　教材编写

编写基于工作过程的项目导向，教、学、做一体化的校本教材，才能将课程标准中的课程内容落到实处。校本教材最好是讲稿类型，目的是使课程内容中的项目能与时俱进，及时反映新技术、新工艺。

4.2　教学建议

本课程最好选择适合当地经济发展及学校实训条件的项目。选用项目教学法、边学边做教学法、讨论教学法、启发法式教学法等。

4.3　教学评价

学生学习成绩由以下六项组成：

计算机网络通信基础知识　(15 分)

Windows 2000 的安装与水晶头的制作　(10 分)

Windows 2000 对等网的组建　(30 分)

FTP、DHCP 服务的实现与应用　(15 分)

Windows 2000 域模式网络的组建　(10 分)

答辩　(20 分)

4.4　课程资源的开发与利用

充分开发或利用相关教辅材料、实训指导手册、网络资源、仿真软件等课程资源，给学生提供丰富的实践机会，使项目教学落到实处。

5. 其他说明

本课程标准中的教学项目是可以改变的，但新的教学项目组合应涵盖本课程对学生的知识要求与能力要求。

《模拟电子技术与实践》课程标准

【课程名称】

模拟电子技术与实践

【适用专业】

应用电子技术、电子信息工程技术、玩具设计与制造

课程类别	专业学习领域	开课部门	电子系
总学时	60	学分	3.5
授课方式:教、学、做一体化			
面向专业	电子、信息、玩具	开设学期	2

1. 学习领域定位

本课程是高职电子类的一门专业核心课程。通过本课程的学习,掌握电子电路的基本理论,并利用其基本的分析和设计方法分析常用电子电路的工作原理,设计一些简单的电路。

本课程首先学习:《高等数学》、《电路分析与安全用电》;并行课程为《电子电子 CAD 与仿真》,后续学习为《电子测量仪器与产品检验》、《单片机应用》等。

2. 学习目标

通过本课程的学习,使学生掌握半导体、非线性器件、集成运算放大器组成的基本放大电路、集成运算放大电路、信号运算与处理、功率放大原理与计算等各种单元电路的工作原理。能够根据实际电路的功能选择元器件,具备小信号放大电路的分析、设计、制作、装配连接及调试能力。具体目标按职业能力分为三个方面:

2.1 专业能力

(1)掌握常用电子元器件和集成块的识别、测试及使用方法,能够看懂元器件特别是集成块的参数,并根据实际电路和集成电路手册选择元器件;

(2)根据所学理论能够分析一般电路的工作原理,由电路图了解其功能;

(3)能够对单元电路的工作参数进行分析、计算,并能对主要元器件的作用进行分析;

(4)利用所学的理论知识和掌握的实际技能,设计一些小型电子产品;

(5)能够对电子产品进行组装、调试、检验及维修。

2.2 方法能力

(1)具备电子产品分析、设计、维修的工作经验;

(2)能够理论联系实际,提高自主学习的能力;

(3)善于观察、总结规律,积累经验,并在工作中推广应用;

(4)具备良好的信息收集、分析和处理能力;

(5)善于学习和接受新技术、新工艺、新材料、新设备。

2.3 社会能力

(1)具备良好的职业道德和敬业精神;

(2)具备严谨细致的工作作风;

(3)具备良好的职业规范、职业素质及团队合作精神;

(4)熟知安全操作规范、环保法规;

(5)具备良好的沟通和组织能力。

3. 学习内容

本学习领域由6V直流稳压电源的分析与实现、简易喊话器的分析与实现、摩托车防盗报警器的分析与实现、对讲机的分析与实现四个学习情境组成。

学 习 情 境	情 境 描 述	学 习 内 容	参 考 学 时
1.6V直流稳压电源的分析与实现	以6V直流稳压电源为载体,引导讲授与本项目工作任务相关的二极管、稳压管、整流电路和滤波电路等知识	1. 二极管的认识和选择 2. 整流电路的分析 3. 滤波电路的分析 4. 稳压和发光二极管 5. 6V直流稳压电源的分析与制作	10
2. 简易喊话器的分析与实现	以简易喊话器为载体,引导讲授与本项目相关的放大电路、多级放大电路、反馈电路、功率放大电路等知识,并完成简易喊话器电路的分析与制作,进一步加强学生分析和装接电子线路的能力	1. 三极管的认识与选择 2. 三极管放大电路的直流分析和交流分析 3. 多级放大电路的分析 4. 负反馈放大电路的分析 5. 功率放大电路的分析 6. 简易喊话器的分析与制作	20
3. 摩托车报警器的分析与实现	以摩托车报警器为载体,引导讲授与本项目相关的差分放大器、集成运算放大器、集成运算放大器的现行应用、电压比较器等知识,并完成摩托车报警电路的分析与制作,进一步加强学生分析和装接电子线路的能力	1. 差分放大电路的分析 2. 集成运算放大器的参数及选择 3. 集成运算放大器的线性应用 4. 电压比较器的分析 5. 摩托车报警器电路的分析与制作	16
4. 对讲机的分析与实现	以对讲机为载体,引导讲授与本项目相关的RC正弦波振荡、LC正弦波振荡、石英晶体振荡等知识,并完成无线话筒电路的分析与制作,进一步加强学生分析和装接电子线路的能力	1. 正弦电路的组成、产生条件的分析 2. RC正弦波振荡电路的分析 3. LC正弦波振荡电路的分析 4. 石英晶体振荡器的分析 5. 无线话筒电路的分析与制作	14

4. 学习领域课程设计思路

4.1 设计理念

《电子电路的分析与设计》设计课程的基本思路是依据专业能力目标、方法学习目标、社会能力目标,分成四个学习情境。第一个学习情境以学会制作6V稳压直流电源为目标,引导学生学会二极管的工作原理、使用方法和整流、滤波电路的工作原理,并使学生具备初步的识图能力和电子线路的装配能力。第二个学习情境以喊话器的制作为目标,引导学生掌握三极管的工作原理、使用方法和三极管的静态和动态分析方法,使学生初步具备放大电路的分析、设计、装配及调试能力。第三个学习情境以摩托车报警器电路的分析与实现为目标,引导学生掌握集成运算放大器的使用方法,使学生初步具备集成电路的选用和调试能力。第四个学习情境以对讲机电路的分析与制作为目标,引导学生掌握正弦波发生电路的构成和分析方法,使学生具备正弦波波形发生电路的分析与制作的能力。

4.2 内容组织

通过整合、重组,以制作小型电子产品为载体,构建任务型学习情境,按照产品分析、理论学习、动手制作由易到难排列任务顺序，以学生为主体，采用教、学、做一体化教学方式，培养学生从事电子产品分析、设计、调试与维修等岗位的职业能力。

4.3 教学设计

针对每个任务，采用任务书的形式，通过导入该任务的产品，提出任务目标。学生做出任务计划并实施，任务完成后进行评估和检查。学生在制定工作计划前，教师对完成任务所用到的知识和技能做出必要的讲解。知识的讲解建立在学生对所学内容有感性认识的基础之上，提出任务，通过学生制作性实训，引导学生主动观察、思考，再通过知识讲解、技能训练，最后完成任务。

4.4 学习情境设计说明

<table>
<tr><td colspan="2">学习情境1:6V稳压直流电源的分析与实现</td><td>参考学时:10</td></tr>
<tr><td colspan="3">学习目标</td></tr>
<tr><td colspan="3">1.能够运用所学知识分析6V直流稳压电源的工作原理与过程
2.能够使用印制电路板、电子元器件进行组装
3.能够借助仪器对组装产品进行简单的调试
4.具有初步识图的能力
5.具有初步对电子电路进行分析、制作的能力
6.具有一定的自学和理解能力</td></tr>
<tr><td colspan="2">学习任务</td><td rowspan="2">建议使用的教学方法</td></tr>
<tr><td>学习任务名称</td><td>主要学习内容</td></tr>
<tr><td>6V稳压直流电源的分析与实现</td><td>1.二极管的使用和选择
2.整流电路的分析
3.滤波电路的分析
4.6V直流稳压电源的分析与制作
5.线路板修理</td><td>多媒体、实训室相结合的一体化教学方法</td></tr>
</table>

<table>
<tr><td colspan="2">学习情境2:简易喊话器的分析与实现</td><td>参考学时:20</td></tr>
<tr><td colspan="3">学习目标</td></tr>
<tr><td colspan="3">1.能够运用所学知识对简易喊话器电路进行分析
2.能够运用印制电路板、电子元器件进行组装
3.能够借助仪器对组装产品进行简单的调试</td></tr>
<tr><td colspan="2">学习任务</td><td rowspan="2">建议使用的教学方法</td></tr>
<tr><td>学习任务名称</td><td>主要学习内容</td></tr>
<tr><td>简易喊话器的分析与实现</td><td>1.三极管的使用和选择
2.三极管放大电路的分析
3.多级放大电路的分析
4.功率放大电路的分析
5.简易喊话器电路的分析与制作</td><td>多媒体、实训室相结合的一体化教学方法</td></tr>
</table>

<table>
<tr><td>学习情境3:摩托车报警器的分析与实现</td><td>参考学时:16</td></tr>
<tr><td colspan="2">学习目标</td></tr>
<tr><td colspan="2">1.能够运用所学知识分析摩托车报警器电路
2.具有一定的电子电路分析、制作的能力
3.具有一定的自学和理解能力
4.能够借助仪器仪表对组装产品进行简单的调试</td></tr>
</table>

续上表

学习任务		建议使用的教学方法
学习任务名称	主要学习内容	
摩托车报警器的分析与实现	1. 差分放大电路的分析 2. 集成运算放大器的选择 3. 集成运算放大器线性运用 4. 电压比较器的分析 5. 摩托车报警器电路的分析	多媒体、实训室相结合的一体化教学方法

学习情境 4:对讲机的分析与实现		参考学时:14
学习目标		
1. 能够运用所学知识无线话筒电路进行分析 2. 能够运用印制电路板、电子元器件进行组装 3. 能够借助仪器对组装产品进行简单的调试		
学习任务		建议使用的教学方法
学习任务名称	主要学习内容	
对讲机的分析与实现	1. 振荡电路的组成及形成条件的分析 2. RC 振荡电路的分析 3. LC 正弦波振荡电路的分析 4. 石英晶体振荡器的分析 5. 无线话筒电路的分析与制作	多媒体、实训室相结合的一体化教学方法

5. 考核方式

学生成绩的评定,以学生平时表现、任务完成情况及最终考核成绩进行核定。评分细则如下表:

计 分 项 目		分　值
操作技能	1. 不能正确设计和制作印制电路板扣 20 分 2. 焊接不好每处扣 2 分 3. 引线不合理,板子不干净每处扣 2 分 4. 元器件安装不符合要求,每处扣 2 分 5. 电子仪器使用不正确每次扣 2 分	35
准备工作	工具准备每少一件扣 1 分	5
工作态度	态度不端正酌情扣分	10
团队协作精神	不协作酌情扣分	10
考勤和纪律	酌情扣分	10
最终考核成绩	电路设计与调试	30

其中,平时成绩包括平时上课的表现和各任务的完成情况,占总成绩的 70%;最终考核成绩所用考核方式为通过抽签选择考核题目,占总成绩的 30%。考核题目为上述学习情境之一,理论内容考试(笔试)占 50%,实操考试占 50%,根据考核题目任务完成情况给出成绩。

《嵌入式系统实践》课程标准

【课程名称】

嵌入式系统实践

【适用专业】

应用电子技术、电子信息工程技术

1. 前言

1.1 课程性质

本课程是应用电子技术及电子信息工程技术专业核心课程，它以《数字电路》、《模拟电路》、《单片机C语言》等课程的学习为基础，其目标是让学生掌握嵌入式系统的基本结构，具备基于ADS 1.2使用C语言对ARM处理器的内部资源和实时时钟、行列式键盘、高速AD/DA系统的等进行编程设计的能力。

1.2 设计思路

本课程的总体设计思路是：打破以知识传授为主要特征的传统学科课程模式，转变为以工作任务为中心组织课程内容，并让学生在完成具体项目的过程中学会完成相应工作任务，并构建相关理论知识，发展职业能力。课程内容突出对学生职业能力的训练，理论知识的选取紧紧围绕工作任务完成的需要，同时又充分考虑了高等职业教育对理论知识学习的需要，并融合了相关职业资格证书对知识、技能和态度的要求。项目设计以职业成长规律及认识规律为线索。教学过程中，要通过校企合作，校内实训基地建设等多种途径，采取工学结合、半工半读等形式，充分开发学习资源，给学生提供丰富的实践机会。教学效果评价采取过程评价与结果评价相结合的方式，通过理论与实践相结合，重点评价学生的职业能力。

本课程的理论教学参考学时为64学时，综合实训为1周。

2. 课程目标

通过本课程的学习，使学生能掌握C语言的基本程序结构，熟练使用Keil对单片机内部资源进行编程，逐步养成严谨、务实的工作态度。

3. 课程内容和要求

项　目	知识内容与要求	技能内容与要求	参考学时
项目一　点阵式LCD的使用	1. 掌握ADS 1.2 IDE环境的使用 2. 掌握LPC2214处理器I/O接口的使用 3. 掌握LPC2214中断系统的使用	熟练使用ADS 1.2进行程序的编写和调试	20
项目二　数字时钟的制作	1. 掌握实时时钟的原理与应用 2. 掌握I2C存储器的使用 3. 掌握I/O模拟时序的方法	1. 读懂元件文档 2. 掌握串行总线的调试方法和使用	20

续上表

项　目	知识内容与要求	技能内容与要求	参考学时
项目三　多功能闹钟的制作	1. 掌握行列式键盘、PWM、串行口等外部设备的使用 2. 熟悉嵌入式系统复杂程序的设计	掌握程序联合调试的基本方法	24

4. 实施建议

4.1　教材编写

编写基于工作过程的项目导向，教、学、做一体化的校本教材，才能将课程标准中的课程内容落到实处。校本教材最好是讲稿类型，目的是使课程内容中的项目能与时俱进，及时反映新技术、新工艺。

4.2　教学建议

本课程最好选择适合当地经济发展及学校实训条件的项目。选用项目教学法、边学边做教学法、讨论教学法、启发式教学法等。

4.3　教学评价

学生学习成绩由以下三项组成：

点阵式 LCD 的使用　　　　(30 分)

数字时钟的制作　　　　(30 分)

多功能闹钟的制作　　　　(40 分)

4.4　课程资源的开发与利用

充分开发或利用相关教辅材料、实训指导手册、网络资源、仿真软件等课程资源，给学生提供丰富的实践机会，使项目教学落到实处。

5. 其他说明

本课程标准中的教学项目是可以改变的，但新的教学项目组合应涵盖本课程对学生的知识要求与能力要求。

《数据库应用技术》课程标准

【课程名称】

数据库应用技术

【适用专业】

电子信息工程技术、计算机多媒体技术、计算机应用技术

1. 前言

1.1　课程性质

本课程是计算机类专业基础课。其要求掌握的内容如下：

(1)具有数据库系统的基础知识；

(2)基本了解面向对象的概念；

(3)掌握关系数据库的基本原理；

(4)掌握数据库程序设计方法；

(5)能使用 Access 建立一个小型数据库应用系统。

学完本课程后，要求学生会分析计算机加工的数据库对象的特性，以便选择合适的数据库结构以及相应的数据库设计方案。

1.2　设计思路

本课程依据经济发展的需要，根据高等职业教育的人才培养规格和数据库设计工程师和维护员岗位需求，重点培养学生在数据库设计、管理与维护方面的知识、技能和素质。

本课程体系如下：

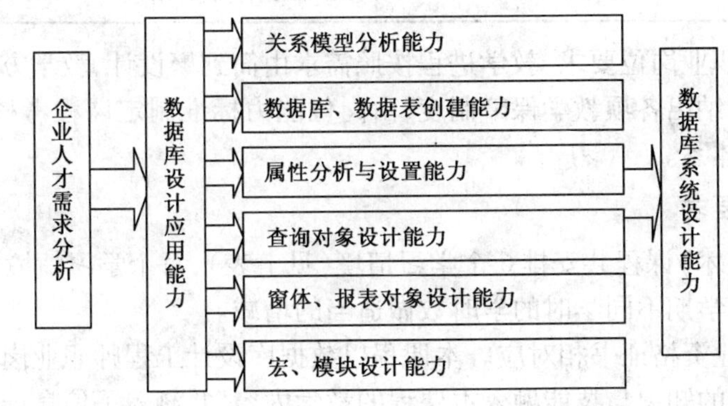

本课程的总学时为 72 学时。

2. 课程目标

《数据库应用技术》课程是从数据库系统设计工程师和数据库系统维护员的岗位工作过程分析入手开发的课程。本课程不仅要开发基于工作过程的课程体系，还要编写出版符合工学结合等职业教育特征、理论与实践一体化的特色教材。根据数据库系统设计人员对数据库结构知识的要求，培养目标如下表所示：

人 才 要 求	课程教学内容(学习情境)
学习情境1　关系模型分析能力	1. 数据库基本概念 2. 数据库基本运算 3. SQL 查询命令
学习情境2　数据库、数据表创建能力	1. 创建空数据库 2. 使用向导创建数据库 3. 使用向导、表设计器建立表结构 4. 使用数据表
学习情境3　属性分析与设置能力	1. 设置字段属性 2. 输入数据 3. 建立表间关系 4. 设置参照完整性
学习情境4　查询对象设计能力	1. 选择查询 2. 参数查询 3. 交叉表查询 4. 操作查询 5. SQL 查询
学习情境5　窗体、报表对象设计能力	1. 纵栏式窗体 2. 表格式窗体 3. 主/子窗体 4. 数据表窗体 5. 使用向导创建报表 6. 使用设计器编辑报表 7. 在报表中计算和汇总
学习情境6　宏、模块设计能力	1. 宏的基本操作 2. 创建模块 3. 调用和参数传递 4. VBA 程序设计基础

教学内容符合职业岗位要求,教学进程按照需求由简到繁设计,教学方法由任务驱动设计出对知识的反思,归纳出各项教学保障制度,由岗位能力标准制定课程考核标准,形成工作任务达标式教学评价体系。

3. 课程内容和要求

《数据库应用技术》课程共安排6个学习情境(见上表),每个学习情境中包括多项典型工作任务,可以依据每学期不同学时的学时数做适当的增减。

课程内容与职业资格证书相对应。本课程以数据库设计工程师职业岗位的知识技能为基础,将职业岗位要求的知识与技能融入本课程的教学内容,并涵盖了信息产业部和人事部软件工程师考试的知识点和技能点。在学生学习完本课程后,可以自行安排时间参加相关证书考试。

4. 实施建议

4.1　教材编写

随着职业教育的不断发展,教材应从传统理论知识传承的载体转变为学生学习的辅助工具。在编写教材和实训教程的过程中,要结合企业实际工程项目的实际要求。此外,还要编写制作课程课件、案例指导、课程习题、实训实习指导、学习指南等多种形式的教学资源。为了突出学生的职业能力，结合相应证书考试的要求，还要选取人事部软件考试中与本课程相关的内容，包括学习指南、课程讲解录像、模拟笔试试题和模拟操作试题等，以课后练习的方式提供给学生。学生可以根据自己的能力和时间自行选择进行练习，开拓眼界，为获取职业资格证做准备。

4.2 教学建议

在教授基本理论知识的同时，在合作企业的项目中选取适当阶段性任务，使学生走进工程现场，熟悉具体实践技能。动手操作结束后，再把项目带回课堂，做进一步的分析和讲解，使学生既知其然也知其所以然。

4.3 教学评价

课程的评价应根据课程标准的目标和要求，实施对教学全过程和结果的有效监控。采用形成性评价与终结性评价相结合的方式，既关注结果，又关注过程。

其中，形成性评价注重平时表现和实践能力的考核。平时考核成绩根据学生完成每个学习情境的情况，结合答辩表现，进行综合打分。

<table>
<tr><td rowspan="9">教师评价</td><td>评价指标</td><td>一级指标</td><td>二级指标</td><td>分值</td><td>得分</td></tr>
<tr><td rowspan="6">职业能力</td><td rowspan="3">专业能力</td><td>知识的运用能力</td><td>20</td><td></td></tr>
<tr><td>程序编写及阅读能力</td><td>10</td><td></td></tr>
<tr><td>程序调试能力</td><td>10</td><td></td></tr>
<tr><td rowspan="2">方法能力</td><td>独立思考和解决问题的能力</td><td>15</td><td></td></tr>
<tr><td>自主学习能力</td><td>15</td><td></td></tr>
<tr><td>社会能力</td><td>团队合作、沟通能力</td><td>10</td><td></td></tr>
<tr><td>出勤</td><td colspan="2"></td><td>10</td><td></td></tr>
<tr><td>合计</td><td></td><td></td><td>100</td><td></td></tr>
</table>

平时成绩（包括平时上课的表现和各任务的完成情况）占总成绩的30%；最终考核成绩（所用考核方式为通过抽签选择考核题目）占总成绩的70%。最终考核题目为学习情境中的同类型任务之一[理论内容考试（笔试）占其中的50%，实操考试占其中的50%]，根据考核题目任务完成情况给出成绩。

4.4 课程资源的开发与利用

本课程可编制课程课件、案例指导、课程习题、实训实习指导、学习指南等多种形式的教学资源。

《数字电子技术与实践》课程标准

【课程名称】

数字电子技术与实践

【适用专业】

应用电子技术、电子信息工程技术、玩具设计与制造

课程类别	专业学习领域	开课部门	电子系
总学时	60	学分	3.5学分
授课方式:教、学、做一体化			
面向专业	电子、信息、玩具	开设学期	1

1. 学习领域定位

本课程是高职电子类的一门专业核心课程。学生们通过本课程的学习,可以掌握电子电路的基本理论,并利用其基本方法分析常用电子电路的工作原理,设计一些简单的电路。

本课程首先学习领域为《高等数学》、《电路分析与安全用电》;并行课程为《电子CAD与仿真》,后续学习领域为《电子测量仪器与产品检验》、《单片机应用》等。

2. 学习目标

学生们通过本课程的学习,能够掌握数字信号下的各种单元电路的分析,掌握基本逻辑问题的电路实现方法,能够查阅手册合理选用标准数字集成电路,具备数字信号处理系统的分析、设计、制作、装配与连接及调试能力。具体目标按职业能力分为三个方面:

2.1 专业能力

(1)掌握常用电子元器件和集成块的识别、测试及使用方法,能够看懂元器件特别是集成块的参数,并根据实际电路和集成电路手册选择元器件;

(2)根据所学理论能够分析一般电路的工作原理,由电路图了解其功能;

(3)能够对单元电路的工作参数进行分析、计算,并能对主要元器件的作用进行分析;

(4)利用所学的理论知识和掌握的实际技能,设计一些小型电子产品;

(5)能够对电子产品进行组装、调试、检验及维修。

2.2 方法能力

(1)具备电子产品分析、设计、维修的经验;

(2)能够理论联系实际,提高自主学习的能力;

(3)善于观察、总结规律,积累经验,并在工作中推广应用;

(4)具备良好的信息收集、分析和处理能力;

(5)善于学习和接受新技术、新工艺、新材料、新设备。

2.3 社会能力

(1)具备良好的职业道德和敬业精神;

(2)具备严谨细致的工作作风;

(3)具备良好的职业规范、职业素质及团队合作精神;

(4)熟知安全操作规范、环保法规;

(5)具备良好的沟通和组织能力。

3. 学习内容

本学习领域由下雨报警器的分析与实现、血型检测器的分析与实现、简易秒表的分析与实现等三个学习情境组成。

学习情境	情境描述	学习内容	参考学时
1. 下雨报警器的分析与实现	以制作下雨报警器为目标，引导讲授与本项目相关的逻辑代数和门电路的知识；完成下雨报警器电路的分析与制作，初步掌握数字电路的分析与制作	1. 逻辑代数的基础知识 2. 门电路的使用和选择 3. 集成芯片的使用和选择 4. 下雨报警器电路的分析与制作	20
2. 血型检测器的分析与实现	以制作血型检测器为目标，引导讲授与本项目相关的组合逻辑电路、触发器等知识；完成血型检测器电路的分析与制作，进一步掌握数字电路的分析与制作	1. 组合逻辑电路的分析与制作 2. 用组合逻辑电路设计一些小产品 3. 常用组合逻辑电路的分析 4. 血型检测器的分析与制作	20
3. 简易秒表的分析与实现	以制作简易秒表为目标，引导讲授与本项目相关的七段显示译码器、触发器、寄存器、计数器、脉冲波形的产生与整形等知识；完成简易秒表电路的分析与制作，掌握数字电路的分析与制作	1. 七段显示译码器的分析 2. 触发器电路的分析 3. 寄存器电路的分析 4. 时序逻辑电路的分析 5. 脉冲波形的产生与整形 6. 简易秒表电路的分析与制作	20

4. 学习领域课程设计思路

4.1　设计理念

本课程设计的基本思路是依据专业能力目标、方法学习目标、社会能力目标分成三个学习情境。第一个学习情境以下雨报警器的分析与实现为载体，引导学生掌握逻辑代数的基础知识、常用门电路的逻辑和使用方法，使学生初步具备数字电路的分析与制作能力。第二个学习情境以血型检测器电路的分析与实现为载体，引导学生具备组合逻辑电路的分析与设计方法，并能制作相应的电路。第三个学习情境以简易秒表的分析与实现为载体，引导学生掌握译码器、触发器、寄存器、计数器、脉冲的产生与整形等知识，并能完成相应的电子产品的分析与制作。

4.2　内容组织

通过整合、重组，以电子小制作产品为载体，构建任务型学习情境，按照产品分析、理论学习、动手制作由易到难排列任务顺序，以学生为主体，采用教、学、做一体化教学，培养学生从事电子产品分析、设计、调试与维修等岗位的职业能力。

4.3　教学设计

针对每个任务，采用任务书的形式，通过导入该任务的产品，提出任务目标。学生做出任务计划并实施，任务完成后进行评估和检查。学生在制订工作计划前，教师对完成任务所用到的知识和技能做出必要的讲解。知识的讲解建立在学生对所学内容有感性认识的基础之上，提出任务，通过制作性实训，引导学生主动观察、思考，再通过知识讲解、技能训练，最后完成任务。

4.4 学习情境设计说明

<table>
<tr><td colspan="2">学习情境1:下雨报警器的分析与实现</td><td>参考学时:20</td></tr>
<tr><td colspan="3">学习目标</td></tr>
<tr><td colspan="3">1. 能够运用所学知识对下雨报警器电路进行分析
2. 能够运用印制电路板、电子元器件进行组装
3. 能够借助仪器对组装产品进行简单的调试</td></tr>
<tr><td colspan="2">学习任务</td><td rowspan="2">建议使用的教学方法</td></tr>
<tr><td>学习任务名称</td><td>主要学习内容</td></tr>
<tr><td>下雨报警器的分析与实现</td><td>1. 学习逻辑代数基础知识
2. 门电路的使用与选择
3. 下雨报警器电路的分析与制作</td><td>多媒体、实训室相结合的一体化教学方法</td></tr>
</table>

<table>
<tr><td colspan="2">学习情境2:血型检测器的分析与实现</td><td>参考学时:20</td></tr>
<tr><td colspan="3">学习目标</td></tr>
<tr><td colspan="3">1. 能够运用所学知识对血型检测器电路进行分析
2. 能够运用印制电路板、电子元器件进行组装
3. 能够借助仪器对组装产品进行简单的调试</td></tr>
<tr><td colspan="2">学习任务</td><td rowspan="2">建议使用的教学方法</td></tr>
<tr><td>学习任务名称</td><td>主要学习内容</td></tr>
<tr><td>血型检测器的分析与实现</td><td>1. 组合逻辑电路的分析与设计
2. 常用的组合逻辑电路的分析
3. 血型检测器电路的分析与制作</td><td>多媒体、实训室相结合的一体化教学方法</td></tr>
</table>

<table>
<tr><td colspan="2">学习情境3:简易秒表的分析与实现</td><td>参考学时:20</td></tr>
<tr><td colspan="3">学习目标</td></tr>
<tr><td colspan="3">1. 能够运用所学知识对简易秒表电路进行分析
2. 能够运用印制电路板、电子元器件进行组装
3. 能够借助仪器对组装产品进行简单的调试</td></tr>
<tr><td colspan="2">学习任务</td><td rowspan="2">建议使用的教学方法</td></tr>
<tr><td>学习任务名称</td><td>主要学习内容</td></tr>
<tr><td>简易秒表的分析与实现</td><td>1. 七段显示译码器的分析
2. 触发器电路的分析
3. 寄存器电路的分析
4. 时序逻辑电路的分析
5. 脉冲波形的产生与整形
6. 简易秒表电路的分析与制作</td><td>多媒体、实训室相结合的一体化教学方法</td></tr>
</table>

5. 考核方式

学生成绩的评定,以学生平时表现、任务完成情况及最终考核进行核定。评分细则如下表:

计分项目		分值
操作技能	1. 不能正确设计和制作印制电路板扣 20 分 2. 焊接不好每处扣 2 分 3. 引线不合理，板子不干净每处扣 2 分 4. 元器件安装不符合要求，每处扣 2 分 5. 电子仪器使用不正确每次扣 2 分	35
准备工作	工具准备每少一件扣 1 分	5
工作态度	态度不端正酌情扣分	10
团队协作精神	不协作酌情扣分	10
考勤和纪律	酌情扣分	10
最终考核成绩	电路设计与调试	30

其中，平时成绩（包括平时上课的表现和各任务的完成情况）占总成绩的 70%；最终考核成绩（所用考核方式为通过抽签选择考核题目）占总成绩的 30%。

考核题目为上述学习情境之一，理论内容考试（笔试）占 50%，实操考试占 50%，根据考核题目任务完成情况给出成绩。

《通信电子线路》课程标准

【课程名称】

通信电子线路

【适用专业】

应用电子技术、电子信息工程技术

1. 前言

1.1　课程性质

本课程是应用电子技术及电子信息工程技术专业核心课程，目标是让学生具备通信电子线路的基本分析能力、设计与制作能力。它以《电路分析与安全用电》、《模拟电路分析与制作》等课程的学习为基础，也是进一步学习后面的专业课程和毕业设计的基础。

1.2　设计思路

本课程的总体设计思路是：打破以知识传授为主要特征的传统学科课程模式，转变为以工作任务为中心组织课程内容，并让学生在完成具体项目的过程中学会完成相应工作任务，并构建相关理论知识，发展职业能力。课程内容突出对学生职业能力的训练，理论知识的选取紧紧围绕工作任务完成的需要，同时又充分考虑了高等职业教育对理论知识学习的需要，并融合了相关职业资格证书对知识、技能和态度的要求。项目设计以职业成长规律及认识规律为线索。教学过程中，要通过校企合作，校内实训基地建设等多种途径，采取工学结合、半工半读等形式，充分开发学习资源，给学生提供丰富的实践机会。教学效果评价采取过程评价与结果评价相结合的方式，通过理论与实践相结合，重点评价学生的职业能力。

本课程的参考学时为68学时。

2. 课程目标

通过本课程的学习，使学生能分析基本的通信单元电路，掌握其电路的调试检测技能和有关仪器的使用，逐步养成严谨、务实的工作态度。

通过本课程的学习，使学生达到以下职业能力：分析通信电路的能力，对通信电子电路进行检测及装配、调试的能力，具备查阅图书资料、产品手册和各种工具书的能力。

3. 课程内容和要求

项　　目	知识内容与要求	技能内容与要求	活动设计（举例）	参考学时
项目一　小信号调谐放大器的分析与测试	掌握单调谐小信号调谐放大器的分析	掌握单调谐小信号调谐放大器调节与测试	1. 元器件的识别 2. 电路的调试与检测 3. 仪器的使用 4. 认识的总结	14
项目二　高频调谐功率放大器的分析与测试	掌握丙类高频调谐功率放大器的分析	掌握丙类高频调谐功率放大器的调节与测试	1. 元器件的识别 2. 电路的调试与检测 3. 仪器的使用 4. 认识的总结	10

续上表

项　　目	知识内容与要求	技能内容与要求	活动设计(举例)	参考学时
项目三　正弦波振荡器分析与测试	掌握三端式正弦波振荡器分析	掌握三端式正弦波振荡器的调节与测试	1. 元器件的识别 2. 电路的调试与检测 3. 仪器的使用 4. 认识的总结	14
项目四　振幅调制与解调电路的分析与测试	掌握 AM 振幅调制与解调电路的分析	掌握 AM 振幅调制与解调电路的调节与测试	1. 元器件的识别 2. 电路的调试与检测 3. 仪器的使用 4. 认识的总结	10
项目五　角度调制与解调电路的分析与测试	掌握 FM 角度调制与解调电路的分析	掌握 FM 角度调制与解调电路的调节与测试	1. 元器件的识别 2. 电路的调试与检测 3. 仪器的使用 4. 认识的总结	10
项目六　变频器电路的分析与测试	掌握二极管变频器电路的分析	掌握二极管变频器电路的调节与测试	1. 元器件的识别 2. 电路的调试与检测 3. 仪器的使用 4. 认识的总结	10

4. 实施建议

4.1　教材编写

编写基于工作过程的项目导向,教、学、做一体化的校本教材,才能将课程标准中的课程内容落到实处。校本教材最好是讲稿类型,目的是使课程内容中的项目能与时俱进,及时反映新电路、新技术。

4.2　教学建议

本课程最好选择适合当地经济发展及学校实训条件的项目。选用项目教学法、边学边做教学法、讨论教学法、启发法式教学法等。

4.3　教学评价

学生学习成绩由以下四项组成:

单调谐小信号调谐放大器调节与测试　(40 分)

丙类高频调谐功率放大器的调节与测试　(40 分)

答辩　(20 分)

附加分　(10 分,交通灯控制器的设计与制作)

4.4　课程资源的开发与利用

充分开发或利用相关教辅材料、实训指导手册、网络资源、仿真软件等课程资源,给学生提供丰富的实践机会,使项目教学落到实处。

5. 其他说明

本课程标准中的教学项目是可以改变的,但新的教学项目组合应涵盖本课程对学生的知识要求与能力要求。

《现代传感技术》课程标准

【课程名称】

《现代传感技术》

【适用专业】

应用电子技术、电子信息工程技术、玩具设计与制造

1. 前言

1.1 课程性质

本课程是电子、控制类专业的一门专业核心课程。其目标，是让学生掌握现代传感器的实际运用能力。它以《模拟电子技术》、《数字电子技术》、《单片机技术》等课程的学习为基础，也是进一步学习《电子测量技术》、《电子设计与制作》等课程的基础。

1.2 设计思路

(1)课程设置依据

本课程是通过岗位能力及所需支撑知识的分析，依据“电子专业工作任务与职业能力分析表”中的工作项目设置的。

(2)总体设计思路

本课程打破以知识传授为主要特征的传统学科课程模式，转变为以工作任务为中心组织课程内容，并让学生在完成具体项目的过程中学会完成相应工作任务，并构建相关理论知识，发展职业能力。教学过程中，要通过校企合作，校内实训基地建设等多种途径，采取工学结合、半工半读等形式，充分开发学习资源，给学生提供丰富的实践机会。教学效果评价采取过程评价与结果评价相结合的方式，通过理论与实践相结合，重点评价学生的职业能力。

(3)课程内容设计

本课程突出对学生职业能力的训练，理论知识的选取紧紧围绕工作任务完成的需要，同时又充分考虑了高等职业教育对理论知识学习的需要，并融合了相关职业资格证书对知识、技能和态度的要求。项目设计以学做一体化为线索。

(4)教学任务设计

首先进行本课程支撑专业核心能力的分析，包括岗位能力分析、行动领域及核心能力的分析；然后根据实用性、操作性的原则将所需知识解构再重构，最终将该课程的教学任务划分为数据转换及数据处理两大学习领域。

(5)课时安排

本课程的参考学时为60学时，其中数据转换学习领域为20学时，数据处理学习领域为40学时。

2. 课程目标

(1)知识、能力目标

通过本课程的学习，要求学生熟练掌握传感器的种类及相应的优缺点，重点掌握传感器常用的测量电路、处理电路，最终能熟练应用传感器完成完整的测量系统。

(2)职业素质目标

通过本课程的培养,提高学生系统开发设计的能力,并培养学生良好的职业素养,使学生具备良好的团队合作意识,强烈的责任感和事业心。

3. 课程内容和要求

根据专业课程目标和涵盖的工作任务要求,确定课程内容和要求,说明学生应获得的知识、技能与态度。

项　目	知识内容与要求	技能内容与要求	活动设计(举例)	参考学时
项目一　数据转换	1. 转换过程 2. 工作要求	1. 公式法的定量转换 2. 查表法的定量转换	1. 压力转换 2. 温度转换 3. 位移转换 4. 速度转换	20
项目二　数据处理	1. 测量电路 2. 处理电路	1. 常用测量电路的输入输出关系 2. 误差分析及处理 3. 处理电路的分析	1. 电子秤 2. 温度计 3. 位移计 4. 测速仪	40

4. 实施建议

4.1　教材编写

教材应主要讲授传感器的应用及检测的基本方法,通过项目实例讲解传感器的技术术语、使用材料、信号分析方法及检定方法,重点讲解压力传感器、温度传感器、位移传感器、光电式传感器、光纤传感器、红外传感器。通过项目的理解与实践,使学生掌握传感器的基本结构、外部特性及接口电路、检测方法及其应用,同时了解传感器技术的发展现状,为日后从事检测技术 、智能控制领域的工作打下基础。

教材编写要充分体现项目课程设计思想,以项目为载体实施教学,项目选取要科学、符合该门课程的工作逻辑、能形成系列,让学生在完成项目的过程中逐步提高职业能力,同时要考虑可操作性。教材内容要反映新技术、新工艺。

4.2　教学建议

(1)教学理念:要充分体现职业性,强调实践性及开放性。

(2)教学模式:现场教学、学做一体化;真实环境、顶岗锻炼;积极互动、专题研讨。

(3)教学方法:除了多媒体教学、任务驱动教学及项目教学以外,需要开放式教学法的引入,也就是时间、空间、内容上的开放,要着重强调学生在课程中的重要性,改变传统的教师主导课堂的教学理念,而要让学生成为课堂的主导者。

4.3　教学评价

该课程的评价标准要注重能力水平考核,加强综合能力的评价。逐渐弱化笔试考试所占的比重,加强过程考核,例如学习情境的考核、开放式的考核、专题研讨的考核、总结写作的考核等。

4.4　课程资源的开发与利用

除了充分利用软件仿真环境及校内实训条件外,更要积极开拓校外实训基地,引入社会资源,参与相关电子企业的技术研发,将企业研发项目引入本课程的教学设计。

5. 其他说明

今后该课程的改革思路：

(1)积极引入社会资源,参与相关电子企业的技术研发,将企业研发项目引入本课程的教学设计中,使企业的设备、资源为我所用,解决设备经费不足的问题;

(2)加强相关任课教师实践技能的培训和引导,为本课程的长远发展打下良好的人员基础,解决师资培养不足的问题。

《现代通信技术》课程标准

【课程名称】

现代通信技术

【适用专业】

应用电子技术、电子信息工程技术

1. 前言

1.1 课程性质

本课程是应用电子技术及电子信息工程技术专业核心课程。其目标是使学生掌握各种通信终端设备的原理以及应用,掌握简单通信设备的设计方法,并具备通信系统开发、设计等专业知识。本课程以《电路分析与安全用电》、《模拟电路分析与制作》、《数字电路分析与制作》等课程的学习为基础,也是进一步学习《移动通信技术》等课程的基础。

1.2 设计思路

本课程的总体设计思路是:打破以知识传授为主要特征的传统学科课程模式,转变为以工作任务为中心组织课程内容,并让学生在完成具体项目的过程中学会完成相应工作任务,并构建相关理论知识,发展职业能力。课程内容突出对学生职业能力的训练,理论知识的选取紧紧围绕工作任务完成的需要,同时又充分考虑了高等职业教育对理论知识学习的需要,并融合了相关职业资格证书对知识、技能和态度的要求。项目设计以职业成长规律及认识规律为线索。教学过程中,要通过校企合作,校内实训基地建设等多种途径,采取工学结合、半工半读等形式,充分开发学习资源,给学生提供丰富的实践机会。教学效果评价采取过程评价与结果评价相结合的方式,通过理论与实践相结合,重点评价学生的职业能力。

本课程的参考学时为68学时。

2. 课程目标

通过本课程的学习,使学生能分析常见通信电路的原理,掌握通信电路的设计方法,逐步养成严谨、务实的工作态度。

通过本课程的学习,使学生达到以下职业能力:掌握信道与噪声的概念,掌握调频与调幅收音机的原理与设计方法,掌握模拟信号数字化的方法,掌握数字信号的频带传输方法,具备基带信号的编解码电路的设计能力等。

3. 课程内容和要求

项　目	知识内容与要求	技能内容与要求	活动设计(举例)	参考学时
项目一　信道与噪声的认识与测量	了解信道概念、数字信号的优缺点、信号不失真传递的条件、白噪声	能分析信道类型、计算信息量与误码率、分析白噪声	1. 信息量的计算 2. 误码率的计算 3. 常见噪声的归纳 4. 香农公式的应用	8
项目二　调幅收音机的分析与制作	掌握模拟调制的概念以及AM、DSB-SC、SSB、VSB原理	能分析AM、DSB-SC、SSB、VSB的调制解调方法以及抗噪性能	1. AM调制与电路设计 2. AM相干解调电路设计 3. AM包络解调电路设计	14

续上表

项　　目	知识内容与要求	技能内容与要求	活动设计(举例)	参考学时
项目三　调频收音机的分析与制作	掌握角度调制的原理,掌握调频与调相的原理与区别	能分析调频和调相的联系与区别、宽带调频与窄带调频区别	1.调频发射电路设计 2.调频解调电路设计 3.调频收音机的制作知识归纳	12
项目四　模拟信号数字化的电路设计	掌握奈奎斯特抽样定律、均匀量化与非均匀量化,以及PCM编码原理	能分析模拟信号的数字化过程并设计电路	1.抽样电路的设计 2.A律压缩电路设计 3.PCM编码电路设计	12
项目五　HDB3编解码电路设计	掌握数字基带信号的编码规则以及各码型的功率谱分析,以及无码间串扰的传输条件	能分析无码间串扰传输系统的原理,并掌握设计方法	1.了解NRZ与RZ码以及AMI码、HDB3码的编码规则 2.设计HDB3码的编解码电路	10
项目六　FSK调制与解调电路设计	掌握数字信号的频带传输方法,ASK、FSK、PSK调制解调方法以及频谱特性	能设计和分析ASK、FSK、PSK调制解调电路	1.了解ASK电路设计方法 2.设计FSK的调制电路 3.设计FSK的解调电路	12

4.实施建议

4.1　教材编写

编写基于工作过程的项目导向,教、学、做一体化的校本教材,才能将课程标准中的课程内容落到实处。校本教材最好是讲稿类型,目的是使课程内容中的项目能与时俱进,及时反映新技术、新工艺。

4.2　教学建议

本课程最好选择适合当地经济发展及学校实训条件的项目。选用项目教学法、边学边做教学法、讨论教学法、启发法式教学法等。

4.3　教学评价

学生学习成绩由以下七项组成:

信息量的计算与香农公式的应用　　(10分)
调幅收音机的分析与制作　　(15分)
调频收音机的分析与制作　　(20分)
PCM编码电路的分析与制作　　(10分)
FSK编解码电路的分析与制作　　(15分)
HDB3编解码电路的分析与制作　　(10分)
答辩　　(20分)

4.4　课程资源的开发与利用

充分开发或利用相关教辅材料、实训指导手册、网络资源、仿真软件等课程资源,给学生提供丰富的实践机会,使项目教学落到实处。

5.其他说明

本课程标准中的教学项目是可以改变的,但新的教学项目组合应涵盖本课程对学生的知识要求与能力要求。

《现代音像设备与工程》课程标准

【课程名称】

现代音像设备与工程

【适用专业】

应用电子技术、电子信息工程技术

1. 前言

1.1　课程性质

本课程是应用电子技术及电子信息工程技术专业核心课程，其目标是使学生掌握各种通信终端设备的原理以及应用，掌握简单通信设备的设计方法，并具备通信系统设计开发、设计等专业知识。本课程以《电路分析》、《模拟电路分析与制作》、《数字电路分析与制作》等课程的学习为基础。

1.2　设计思路

本课程的总体设计思路是：打破以知识传授为主要特征的传统学科课程模式，转变为以工作任务为中心组织课程内容，并让学生在完成具体项目的过程中学会完成相应工作任务，并构建相关理论知识，发展职业能力。课程内容突出对学生职业能力的训练，理论知识的选取紧紧围绕工作任务完成的需要，同时又充分考虑了高等职业教育对理论知识学习的需要，并融合了相关职业资格证书对知识、技能和态度的要求。项目设计以职业成长规律及认识规律为线索。教学过程中，要通过校企合作，校内实训基地建设等多种途径，采取工学结合、半工半读等形式，充分开发学习资源，给学生提供丰富的实践机会。教学效果评价采取过程评价与结果评价相结合的方式，通过理论与实践相结合，重点评价学生的职业能力。

本课程的参考学时为64学时。

2. 课程目标

通过本课程的学习，使学生掌握分析音响系统的组建方法，以及常用的音频与视频编辑制作软件的使用，逐步养成严谨、务实的工作态度。

通过本课程的学习，使学生达到以下职业能力：掌握音响系统的基本设计方法，掌握调音台的操作方法，学习常见音频文件的计算机处理方法，以及视频文件的计算机处理与制作方法。

3. 课程内容和要求

项　目	知识内容与要求	技能内容与要求	活动设计(举例)	参考学时
项目一　声学原理与音响系统	掌握声音的基本性质与度量方法，人耳的声学特性，以及音响系统的基本组成	能解释哈斯效应的原理与避免方法，设计基本的音响系统	1. 计算声压与声强 2. 设计哈斯效应的解决电路 3. 设计常见类型的音响系统	12
项目二　调音台的使用	掌握调音台的分类与使用方法，以及硬件均衡器的调节方法	能使用MX-200型调音台，对各种声音类型进行均衡调节	1. 调音台的操作练习 2. 均衡器的条件练习	8

续上表

项　　目	知识内容与要求	技能内容与要求	活动设计(举例)	参考学时
项目三　音频文件的制作与处理	掌握 Cooledit 音频处理软件的使用,学会各种软件效果器的使用	能对音频文件进行幅度、变调、降噪处理,掌握均衡处理、混响处理	1. 音频文件的幅度处理 2. 音频文件的降噪处理 3. 音频文件的均衡与混响处理	20
项目四　多轨音频文件的混缩	掌握多轨音频文件的混缩处理	能设置各轨音频的幅度,设置各轨文件的相位	1. 各轨音频的幅度平衡处理 2. 相位平衡处理 3. 各轨音频的均衡平衡处理	6
项目五　视频文件的制作	掌握绘声绘影视频处理软件的操作	能对视频材料进行处理,能制作简单视频短片	1. 视频片段的转场效果制作 2. 视频短片的配音与字幕制作	18

4. 实施建议

4.1　教材编写

编写基于工作过程的项目导向,教、学、做一体化的校本教材,才能将课程标准中的课程内容落到实处。校本教材最好是讲稿类型,目的是使课程内容中的项目能与时俱进,及时反映新技术、新工艺。

4.2　教学建议

本课程最好选择适合当地经济发展及学校实训条件的项目。选用项目教学法、边学边做教学法、讨论教学法、启发法式教学法等。

4.3　教学评价

学生学习成绩由以下六项组成:

声学原理与音响系统　　(10 分)
调音台的使用　　(15 分)
音频文件的制作与处理　　(25 分)
多轨音频文件的混缩　　(10 分)
视频文件的制作　　(20 分)
答辩　　(20 分)

4.4　课程资源的开发与利用

充分开发或利用相关教辅材料、实训指导手册、网络资源、仿真软件等课程资源,给学生提供丰富的实践机会,使项目教学落到实处。

5. 其他说明

本课程标准中的教学项目是可以改变的,但新的教学项目组合应涵盖本课程对学生的知识要求与能力要求。